认真穿好
每一天

[日]可蒙留美/著

潘郁灵/译

江苏凤凰科学技术出版社
·南京·

ISSHOBUN NO KOUKAN TO SHIAWASE WO TENIIRERU NY
RYU「MITAME」NO RULE
© Rumi Common 2018
First published in Japan in 2018 by KADOKAWA CORPORATION,
Tokyo. Simplified Chinese translation rights arranged with
KADOKAWA CORPORATION, Tokyo through BARDON-CHINESE
MEDIA AGENCY. Simplified Chinese translation rights in PRC
reserved by Phoenix-HanZhang Publishing and Media (Tianjin) Co., Ltd.

江苏省版权局著作权合同登记 图字:10-2020-206号

图书在版编目(CIP)数据

认真穿好每一天 / (日) 可蒙留美著;潘郁灵译
. —南京:江苏凤凰科学技术出版社, 2021.1
ISBN 978-7-5713-1488-0

Ⅰ.①认… Ⅱ.①可… ②潘… Ⅲ.①服饰美学
Ⅳ.①TS941.11

中国版本图书馆CIP数据核字(2020)第199836号

认真穿好每一天

著　　　者	[日]可蒙留美	
译　　　者	潘郁灵	
责 任 编 辑	向晴云	
责 任 校 对	杜秋宁	
责 任 监 制	方　晨	

出 版 发 行	江苏凤凰科学技术出版社
出版社地址	南京市湖南路1号A楼,邮编:210009
出版社网址	http://www.pspress.cn
印　　　刷	天津旭丰源印刷有限公司

开　　　本	880 mm×1 230 mm　1/32
印　　　张	6
字　　　数	90 000
版　　　次	2021年1月第1版
印　　　次	2021年1月第1次印刷

标 准 书 号	ISBN 978-7-5713-1488-0
定　　　价	29.80元

图书如有印装质量问题,可随时向我社出版科调换。

目　　录

前言

内在美至关重要。

常言道："人不可貌相，海水不可斗量。"

然而，世人（笔者也不能免俗）大多逃脱不了以貌取人的怪圈。尤其是在纽约或是东京这样的国际大都市中，人们背景各异，贫富状况也不尽相同，自然也就免不了要"以貌取人"了。

自知无人得以免俗的纽约人对"外表"法则心领神会，他们努力打扮自己，希望通过良好的外表获取他人发现自己内在美的机会。

除时装界外，一般的工作场合都要求员工衣着正式大方。胸部自不必说，胳膊或膝盖也最多只能露出一样，这似乎已成了职场上的一条不成文的规定。

而日常生活中，许多时候也需要我们仔细斟酌，挑选适合当日场合的服装。一名增光添彩、协助活跃气氛的配角，与一名需要八面玲珑，营造宾主愉悦气氛的主角，在着装的选择上自然有着很大的差别。

服装的选择取决于你所扮演的角色。

若能精通此道，服装的搭配技巧与华丽程度也就显得不那么重要了。然而又有多少人能做到这一点呢？出现这种情况并不意外，因为现实生活中对服装及外貌缺乏自信的人确实不在少数。

本书就是要全面揭开在"以貌取人"的世界里暗藏着哪些"外表"法则。

掌握这些法则后，无论是在工作场合还是私人生活，你都会感到更加得心应手，自信百倍。最重要的是，再也不用在打扮和搭配上搜索枯肠了！

那就让我们一同翻开书页，进入这神奇的世界吧。

序章

外表决定他人对你的态度

拎着有待修理的机用小型行李箱，我大步走进了五号街某知名店铺中。

那天正好排了一个重要会议，所以我罕见地穿了高跟鞋，并化了一整套妆容，搭配了一条巴吉雷·米其卡（Badgley Mischa）的黑色连衣裙。手提包则是我从这家店的竞争对手那里买的。

推门进去时，穿着得体的店员立刻十分尊敬地向我问好："早上好，女士！"

"您是想修理这个行李箱吗？"确认了我的需求后，店员陪我走到了电梯旁。电梯旁的工作人员也同样态度恭敬，这让我不由得感叹，果然是世界一流的品牌，"服务态度满分"。

然而，行李箱修理完后我去取时，店员的服务态度却发生了天翻地覆的变化。

取行李箱那天，我穿着十分休闲的牛仔裤，上身是一件针织衫，可以说是全身上下毫无亮点，几乎素面朝天，那个高级手包自然也正躺在家里。

推开店门，就连一个招待或是问好的人都没有，可以说是冷漠至极。

我还是那个我，但他们对待我的态度竟有着天壤之别。

纽约号称"人种大熔炉"，居住在这里的人们背景各异，想要对一个人进行初步的了解，最直截了当的做法便是观察他们的"外表"。

尤其在一些奢侈品店中，来人若非熟客，店员往往就只能通过"外表"来确定这位客人是否具有可发展的潜力。因此，纽约比日本更看重服装的TPO（时间、地点、场合原则）以及是否紧跟潮流。

外表也至关重要

若外表没能留住对方的目光，就别奢望自己的内在美会被对方发现了。

我一个朋友的亲身经历就很完美地诠释了这一观

点，并证明了光鲜亮丽的外表的强大威力。

在我担任时尚编辑期间，曾与某一流品牌的形象代言人 M 相交甚好。

M 身材高挑，举止优雅，神似年轻时的法国女演员阿努克·艾梅，是难得一见的美人。在"装可爱"之风盛行的年代，她成熟的女性魅力不知令多少追求者甘拜裙下。

作为天生吃这碗饭的人，M 的形象与她所代言的某欧洲一流品牌的服装风格完全吻合。

可即便是如此优秀的 M，也曾有过不受欢迎的经历。

"我以前很胖，后来在高三那年的夏天突然间就瘦了下来，大概体内激素发生了变化吧。等到秋季再去学校时，男生们看我的眼神和对我的态度都明显大不一样了。"

自那以后，她受到越来越多的人的喜欢，褪后趋前的男生数不胜数。

明明只是变瘦了而已啊！

尚未习惯前，她无数次想问问那些人："那个……现在的我和几个月前的我没有任何区别啊……"

不过这件事让她深切体会到了一个道理——决不能忽视外表。

当然，人类最重要的还是"内在"，这一点毋庸置疑。

但若是"外表"阻碍了自己与对方的交流呢？

想要得到让对方进一步了解自己内在的机会，就决不能忽视外表。

与人初次会面时，我们总是习惯性先判断对方属于哪种类型。

仅凭外表就笃定"他一定是这种类型的人"。瞬间感知的第一印象可能会让我们产生好感，相反也可能产生不喜甚至厌恶的心理。

一身廉价劣质的服装，有时会让美丽的心灵隐于衣内，不为人知。

因此，迎来美好新人生的第一步，便是改变外表。

在此之前请反思自己，现在的外表能否展现出自己最好的状态？

人生的机遇往往取决于自己的选择。

选择妥当的着装，给人留下良好的第一印象，将最优秀的内在完美地展现在对方眼前，机遇才更有可能眷顾你。既然如此，那就马上开始"改头换面"大行动吧！

为了挖掘出你掩藏在外表下的优秀内在，本书将为你阐述"改头换面"的详细方法，帮你成就不一样的自己。

然而时尚精致并非亘古不变的着装标准。

有时，爱美之心反而会带来反效果。

我们无须为了追求所谓的精致而花费过多的时间在精心雕琢自己的妆容上。

你只需在阅读本书后，真正学会如何展现最真实、最优秀的自己，那么无论是工作、恋爱还是人生道路，你都将成为最后的赢家。

面对镜中的自己不知所措时，试图改变自己却徒劳无功时，因日益加深的岁月痕迹而内心恐惧时，请翻开这本书，"外表"法则将为你带来一场灵魂深处的洗礼，帮你开启新的人生！

与善于夸奖他人的人相处能增强自信

得体的服装来自别人的夸奖完美结合，会给自信带来质的飞跃。自信无疑能在潜移默化中为外表加分。日本人向来以谦虚为美德，这自是难能可贵的品质，但谦虚的背后往往也隐藏着自我要求严苛、自我认同感低的弊端，所以自卑之人不在少数。

总是忧心忡忡地想"别人会怎么想"，就连挑选服装时都会因他人的意见而左右摇摆、迟迟不定。

因而，自信对于服装的取舍起到了至关重要的作用。在增强自信心方面，首要便是多与善于夸奖他人的人相处。美国人就十分乐于夸赞他人，诸如"这个戒指很可爱啊""好香，这款香水很符合你的气质""指甲油的颜色真好看"等。

积极寻找他人身上的亮点，且不吝赞美之词。每个人都希望得到他人的赞美，而且赞美之余韵也会让这件物品更具主观价值。

每每拿起这件曾受人称赞的物品，内心就会不由得涌起几份自信。即便有些赞美之词中多少包含着几分客套，但并不妨碍其如同宽心剂一般的效果。

那么，如何得到更多的赞美呢？正所谓"将欲取之，必先与之"，想要获得夸赞，就要先学会随时夸赞别人。

新买的首饰、衣服或是新的发型、妆容等，只要发现不错的地方，无论多么微小，也要予以积极赞美。

前些日子，我的丈夫发来邀请："今天应该能早些下班，不如一起去西斯蒂纳的酒吧吃个饭吧？"那是一家坐落于高级住宅区内，价格昂贵却十分合我心意的隐蔽式家庭餐厅。

丈夫一定是心情愉悦地选择了这家餐厅，可能因为他工作有了新进展。而且，我们之前发生了一点不愉快，因此我想大抵也有几分补偿的意思吧。

那时我正顶着一头乱糟糟的头发，将要寄到日本的货物装载上车。想着两人有一段时间没在外面约会过了，于是回复他"行，剩下的明天一早再继续吧"。

也是因为最近这段时间一直在忙里忙外，总是以一副疲惫不堪的样子面对丈夫，心里稍微有些过意不去。

那天我选择的服装，是和女性朋友见面或是自己一个人出行时绝对不会穿的轻奢连衣裙，当然也是因为无暇考虑服装搭配。

和丈夫一起过了这么多年，我很清楚比起面面俱到的精致打扮，他更喜欢我穿着大方且引人注目的连衣裙。

到达餐厅之后，早已在此等待的丈夫见到我后眼睛一亮，立即真诚而高兴地夸赞道："这条裙子非常适合你。"气氛瞬间欢快了不少。

不过是一句赞美，却让我稍稍重拾了"我很漂亮"的自信。赞美的威力当真强大。丈夫在感到认同时从不吝于赞美，在感到欠妥时往往只是闭口不言。正因如此，来自他的赞美会让我感到身心愉悦、备受鼓舞。

男性会因伴侣的美丽而心情愉悦，并直观地表现出来。特别是两人独自出行时更是如此。但随着时间的不断流逝，初识时的新鲜感、曾经欢欣雀跃打扮自己的心情会渐渐不再，徒留敷衍。

"可是都到了这把年纪……"，请将这样的观念抛到脑后，偶尔穿穿能悦己悦人的衣服吧。服装虽小，但绝不可小觑。服装上的一点点改变就能给老夫老妻的生活增添亮色，何乐而不为呢？大家有过这样的经历吗？

一见面对方就说"你今天脸色不太好，是不是太累了"，或是"你是不是胖了"，无意间的一句话却让我们的心情急转直下。尤其当我们缺乏自信时，这样的话无疑是当头一棒。

世界上总有人喜欢冷言冷语。

但是如果平常周围的朋友都乐于赞美，给予自己充足的自信，那就很容易避开这种低落的情绪了。

渐渐地我们也不再羡慕他人，自我认同感也随之提高。

幸福的人向来朴素

都说纽约这座城市对人的着装十分宽容，可以随心所欲地自由打扮。这完全是假象！

在某些场合，着装会决定他人对你的态度。无论是在公共场合还是私人场所，着装都不要给人以招摇过市之感。简单素雅的打扮有时反倒能成为加分项。

人人对自己的欲望都不加掩饰，且个人意识强烈——这是人们对纽约人的传统印象。但其实只有在周围都是陌生人的情况下，他们才能无所顾忌地选择自己喜爱的着装。

在满是熟人的学校、商务场合，或是对着装有着严格要求的场合，不引人注意的外形非常重要。在内在美尚未被人充分了解前，太过花枝招展的外表反倒容易招人误解，并打消他人的交好之心。

这种场合下，以简单且无记忆点的服装为最佳选项。

我曾听过这样一件趣事。

某一名门望族的女主人在家中举行宴会。宾客到场后，还在念大学的女儿拖着长裙，从房间款款走出，准备下楼。见到女儿的打扮后，女主人附耳悄声说："今天的晚宴主角可不是你哦。"于是，女儿马上回房换了身衣服后下楼。

宴席开始后，女儿在大学写的论文成了她们那桌的讨论话题。

如果女儿还穿着最初那条华丽长裙，大家的关注点大概会集中在女儿的外形上，夸赞她"长得很漂亮"。而藏青色的朴素连衣裙则让人们的目光聚集到她的内涵上，她的知性魅力也得到了很好的展现。当然，这位出身名门望族的女主人的确具备超出常人的远见卓识。着装的更换，无疑让宾客对女儿的聪慧有了新的认识。

另外，在华尔街或是在像美剧《金装律师》（*SUITS*）中那样的著名的律师事务所内，通常男性员工较多，里面的女性的服装也偏向男性化，朴素且端庄。

约会时为了取悦对方而穿的性感服装在公司是决不被允许的，这点无论在日本还是美国都是如此。尤其最近"ME TOO"运动持续发酵，性骚扰问题遍布社会各界。若因服装招致上司、同事、顾客的误解，虽有内在却不被正视，岂不是得不偿失？

纽约上东区内的众多私立学校在着装方面也秉持相同的要求。这里虽有许多家境殷实的孩子，但也有一些孩子来自经济压力较大的家庭。这些孩子到了初、高中就只能依靠助学金往返于位于新泽西或皇后区等较远地方的学校，而且他们的数量还在日益上升。因此，参加家长会或是学校活动时，要尽量避免穿能一眼认出品牌的服装。和风气保守的公司相同，学校也是一个不适合穿着花枝招展的场所，这一点美国与日本都是一样的。

据说东京及其港区的知名幼儿园在召开家长会时，几乎所有女性家长都会选择简单的藏青色连衣裙。若在纽约的私立学校，女性家长会穿 LBD（Little Black Dress/ 黑色连衣裙）。

碍于他人的目光，为了避免不必要的关注而借助服装将自己隐入大环境，这点放在纽约同样可行。

　　当我对周围的面孔不甚熟悉，或是皮肤状态差缺乏自信时，就会选择配角类的服装，也就是能完美融入周围环境的服装。我的相貌平平，所以如果只略施淡妆，存在感就会瞬间降低。而且为了减少不必要的开支，在首饰上也只咬牙买了小克拉的耳环和婚戒。

　　这和日本不成文的规则完全一致。与其凭借品牌、设计抑或是裙子长度给人留下鲜明印象，让人迟迟难以忘怀，倒不如使其完全忘记自己当时身着何种服饰。

　　比如第一次在公司做提案展示。为了让大家充分理解提案的内涵，就必须让大家把目光聚焦于提案的内容上。因此，男士以着衬衫为宜，女士同理，如此可以让大家完全忽视你的衣着如何，从而避免听众因你的外形而分神，给人留下不专业的印象。

　　"我想让自己外形出众，我想穿高档衣服。"如果对自己的外形深感不安，那么我们可能会萌生如此欲望，然而结果往往不尽如人意，甚至给人以招摇过市之感。因此我们要避免有炫耀之嫌的穿着，尽量选择让人一眼无法辨别品牌，但却优质、素雅的服饰。在纽约，那些一眼看上去让人觉得值得信赖的人，也通常都是这种穿着。

确实如此，有的人外形虽不突出，但穿着却典雅质朴，这不仅不会减分，反而会带来积极作用。如果我们的服饰让自己感到焦虑不安，那么请不要犹豫，换上一件不会引人注目的衣服吧。下一章我会讲到，即便不盛装打扮，只要将自己的本质凸显出来，就能悄无声息地脱颖而出成为焦点，打造出"鹤立鸡群"的气质。

摆脱女性目光之魔咒，不再被同性视为眼中钉

如果你身边有一位真正值得信赖而又时尚的女性朋友，那么她的眼光就是你提升品位的法宝。互相交换信息堪称一大乐事。

然而，如果对方并非密友，那么她的建议也可能会给你带来灾难。

10 年前，我曾做过房产中介。当时一名年轻女性想要入住一座位于公园大街上历史悠久的公寓楼，在经

过合作公寓（Coop）的理事面试之后，她被拒绝了。像这种公寓在接到入住申请后都会对申请人展开面试，若面试失败，无论拥有多少资产和存款都无法购买。

※ 合作公寓（Coop）

合作公寓这种住房形式覆盖了纽约上东区90%以上的公寓楼。纽约的这种独特的住房体系让众多州外迁入人员在购房时一头雾水。这种公寓，每座公寓楼都有由住户组成的理事会，而新业主必须接受理事会的审查。书面审查通过后，还需要接受面试。有的公寓楼对业主饲养的宠物也有面试要求。说得极端些，业主能否成功入住完全由理事会的喜好决定。无论因人种还是宗教等任何原因被拒，都无法成为胜诉的理由。

实际上，那是位小有名气的女士，而且她手上的资产支付住房贷款绝对是绰绰有余。那她被拒的原因何在呢？她的房屋中介也是百思不得其解，这事一时间也成了我们同事间的热门话题。

对此，一位熟悉上东区合作公寓内情的资深中介是这么说的。

"那位女士在面试时穿了什么衣服？"

"问题不就出在服装上嘛。"

"诶？这是怎么回事？"大家纷纷表示困惑不解。

"那座公寓有一位理事是五十多岁的女性，最近正在办离婚，好像是因为她丈夫和同楼的一位年轻女性关系不清不楚。所以她看到容貌秀美、衣着奢华的女性就心生忌惮，自然就不欢迎这样的人住到同一栋楼来了，不是吗？"

原来如此，确实也想不出别的什么理由了。

后来那位年轻女性决定购买其他合作公寓时，她的中介陪同她一起挑选了面试时穿的服装。我们也积极给她出谋划策："妆容尽量简单点，穿藏青色或者黑色的衣服，首饰戴小克拉的耳环就好。最好选择鞋跟又矮又粗，非常土气的黑皮鞋，好给人一种我对你丈夫丝毫没有兴趣的感觉。把眼镜戴上也不错。"

最后那位漂亮的女士顺利通过面试，住进了位于公园大道的合作公寓里。

还有过这样一件事。那是几年前我担任理事时发生在慈善午宴上的一件事。参加午宴的来宾向来是清一色的女性，会场经常选在高档会员制俱乐部里。

那天我邻座是美国驻东京大使馆一位工作人员的夫人。那位女士待人友善，指甲干干净净而且修剪得整整齐齐，手上只戴了一个并不显眼的钻戒，略施淡妆，似乎穿的是一件黑色连衣裙，我记不太清了。但我能肯定的是她的着装十分端庄素雅。

与她的谈话相当有趣！

初次见面却能如此相谈甚欢的委实少见。得知我是日本人后，她和我分享了许多她身为"洋人"生活在东京时发生的趣事。

偶尔自己也尝试做个女演员

宴会结束约一周后，和我一起担任慈善午宴理事的朋友在缅因州的一座小镇酒馆里与那位女士不期而遇。

临时回纽约的她碰巧和我这位朋友一样，都在这座小镇里拥有一座避暑山庄。

两人刚开始好像都没有认出对方。目光交会时，两人虽然口头上打了招呼，但我朋友却略显尴尬，满脑子拼命在回想"她是谁"，片刻之后才反应过来，原来是上周参加午宴的那位女士。

她站在三位男性中间，身着一条单肩红色迷你连衣裙，一手鲜红色美甲。一头中长卷发随意散开，单手持Corona啤酒尽情跳舞，这和朋友印象中的她简直判若两人。三位男性中的其中一位是她丈夫，另外两人是她丈夫自小的玩伴。

"您这身打扮和当时真的截然不同，我刚刚差点没认出来。"朋友说罢，她有些尴尬地笑道："让您见笑了。没想到今天能在这里遇到纽约的朋友，这身衣服还不错吧。"

朋友很喜欢这位坦率爽朗的女士，于是便继续聊道："所以那次午宴的服装，算是您的一种伪装吗？"

"哈哈，没错。这才是真正的我。我从前就不太擅长参加女性的聚会，穿衣打扮经常不尽如人意，所以最后便干脆选了最不起眼的造型。"

她曾因着装不合时宜而被他人指点说教。某次参加华盛顿政府要员的夫人聚会时，便因裙子太短太过花哨而听了许多冷言冷语。

如果对自己有充分的自信，相信无论面对多么不中听的话，都会立即反击一句"与你何干"，但她说当时的自己就像霜打的茄子一样——蔫了。之后丈夫升官加爵，来到东京任职后，但凡是比较陌生的女性聚会，她都会变得更加在意自己的穿着打扮。

倘若单论她个人，无论怎样被人评头论足都无关紧要，但为了不影响丈夫的工作，她决定除了私下场合，在外面都尽量扮演一个朴素不起眼的人。就像凭借不同服装而改变自身角色的女演员一样。

"没错，做到谁也认不出来就特别成功了。"两人开怀大笑，相聊甚欢。

想必很多人都对这个故事感到意外吧，没想到美国人也需要大费周章地选择合适的装扮来维持个人形象。在"女人何苦难为女人"的问题上，全世界都一样。

乍看之下是温柔和善的朋友面孔，但殊不知笑里藏的刀有多锋利，背后的冷言有多可笑。不管在什么世界、哪个年代，这种棘手的"塑料姐妹"总少不了。

为了避免在无意之间引起"塑料姐妹"的注意，我们要对自己的外表装扮稍加留心。

首先，最重要的场合莫过于陌生人较多的同性聚会。在不知道到场者身份的情况下，选择素雅的装扮最为妥当。待稍作了解后，再选择能够融入聚会氛围的合适装扮即可。所谓"融入"，即"外表不要给人留下特别印象"的意思。

毕竟给人的第一印象若拉下了"仇恨"，日后再想消除便是难上加难。

"那个人看起来真花哨""那个人喜欢穿名牌"，这种容易让爱攀比或嫉妒心较强的女人受到刺激的打扮，应该能免则免。

当然鞋跟污脏除外。只要衣物干净大方、质朴淡雅，我们不怕重复多穿。

若你在事后回想时，怎么也想不起自己当时身着何装，那便是大大的成功。

无须战斗，无欲胜负。

因此，在诸如纽约、东京、巴黎、伦敦、罗马、米兰等大都市，当我们很难知道参加聚会的成员时，请选择藏青色、黑色、浅棕色或灰色等简单又不失大方的基础色服装。除此之外，还应尽量不穿一眼就能认出品牌的服饰。

第 **1** 章

提升『内在美』，幸福二十年

在纽约，"换脸"般的整容手术
为何无人问津

时尚的潮流终有退潮的那一天，只有内在美才是长远的自我投资。

为何有人只身着简单的黑色 A 字裙，未佩戴任何饰品，只略施淡妆，却依旧美得令人无法忽视？为何有人只靠简单的白色 T 恤和休闲裤，就能散发出不凡的魅力？本章中，我们将为你讲述如何成为一位由"内"而外都美好的人。

这就要从"内在美的提升"说起了。

一旦拥有了"内在美"，哪怕你置身于清一色身着黑色或深蓝色服装的会场，也能依靠浑然天成的气质，悄然无息地吸引全场的目光。

我在担任杂志主编的那段时间，曾采访过纽约顶级的整形外科医生。一位鼻外科整形医生告诉我，他接待的患者大多只是一些天生鼻翼肥大的年轻人。同时接受采访的还有一位胸外科整形医生，以及一位在皱纹及皮肤松弛的改善方面颇有建树的脸部整形医生。

当我问到"患者的五官可以通过手术而变得更加精致，最终达到换脸般的效果吗"的时候，三位医生都表示极少有患者会这么做，如果真有这样的患者，他们一般都会建议患者另请高明。

而在韩国则是一幅完全不同的景象，这里的人们热衷于整容手术，无数的男男女女希望通过整容手术实现脱胎换骨的梦想。这大概是国民理念的最大差别了。

纽约整形外科医生的话让我十分赞同。

银座一位知名的妈妈桑曾这样说道："那些依靠整容手术实现丑小鸭变天鹅的梦想的姑娘们，与那些天生丽质的姑娘们相比，明显让人感觉到隐藏在心底的自卑。从精神状态来看，这些整容后的姑娘们对自己没有足够的自信，这很符合她们的实际情况，虽然历经波折变成了美人，但是却完全不像天然的美女一般善于应酬各种类型的客人。这是因为她们即便通过整容实现了倾城之貌，却没有倾城美人该有的自信，所以她们依旧打从心底里怀疑自己是否拥有足够的魅力。"

也就是说，即便这些姑娘的外貌实现了质的飞跃，可灵魂的改变却并非轻而易举之事。我们都说"江山易改，本性难移"，现在的自己是由曾经的人生经历决定的。想要否定原来的自己，完全蜕变为另一个人，这不仅需要强大的表演精神，还需要天衣无缝的剧本。

但是，一直否定自己真的能得到幸福吗？如果我们可以接受并爱上真实的自己，那么一定会出现同样一个接纳我们的缺陷、弱点，并愿意无尽宠爱我们的人。

即便不改变外形，我们也可以从本质上实现自我提升。这一点，将会在这一章进行详细介绍。

正因为纽约重视自我认同感，换脸级整容术才鲜有人问津。建立在自我否定基础上的美也只能称为虚妄。

增高一厘米的躯干锻炼法及优美体态

数月之前，我曾在日本进行了健康检查。令我感到非常震惊的是，测量身高的机器竟然可以精确到毫米。与 30 年前初到美国时的身高相比，我长高了一厘米。

一把年纪竟然还可以长高，这简直是天方夜谭。但是仔细想想，这大概是缘于我体态方面的变化。从来不会主动去健身房的我，终于在两年前感到无法忍受了，便决定请一位私人教练。这无疑等同于半强制性锻炼，因为无端的请假会给私人教练带来困扰，所以就坚持下来了。我主要锻炼的是躯干部位。

不过，我锻炼的内容都比较温和。如果前一天晚上睡眠不足，早上就会选择柔和型的运动，出差时则选择进行简单的跳跃运动，夏季多选择游泳，运动次数也会相应减少。我的日常锻炼基本就是这种状态。比起努力，其实更需要的是脚踏实地的坚持。

最近我掌握了对躯干拉伸有益的姿势，所以可以一直保持良好体态。就是这一习惯，让我长高了一厘米。

　　身体前倾，是我们现代人最为常见的姿势了。不论是走着还是坐着，手机必然从不离手。上班时整日盯着办公桌的电脑，回家之后又得扫地、做饭、哄孩子。而在做这一系列动作的时候，我们的姿势基本都是向前蜷曲的，这便使得我们的身体染上了前倾的恶习。

　　从侧面来看，前倾者的肩膀和下巴向前突出，背部弓成弧形，看上去无精打采，显得有点猥琐。而当我们试图通过健身塑形的时候，却少有人认识到，塑形的要点其实在于肩部的位置。健身的时候，应当先让肩部完全放松，再尽力向后拉伸，通过向左右两边扩展胸肌，尽力拉伸脊椎。

　　不妨想象一下芭蕾舞演员那优雅而有力的站姿，她们尽可能地伸长脖子，下颚也因此被高高拉起。我们也可以在家中有意识地练习这种姿势，此外还可以长时间地吸紧小腹，同时收紧臀部和下身。

呼吸应采用腹式呼吸的方式，吸气时腹部要鼓起，吐气时腹部要收缩。

肩膀一旦舒展在正确的位置上，脖子就会变得修长，下巴会处于一种舒适的紧绷状态，面部表情也会变得坚毅、自信。

紧接着，在心理作用下，我们会发现自己的胸部似乎被微微抬起。通过这些微小的改变，我们会发现身穿西服的自己从未像今天这样得体、挺拔。而这一切，几乎不需花费你任何时间。

人之美者，其实多在于细微之处，譬如后颈之修长、锁骨之清晰、仪态之端正，等等。

只需留意肩部的位置和站立的姿势，身高也可以得到增长。请大家务必尝试一下这一塑形秘诀。

优美的坐姿诠释了良好的
教养与品格

伊丽莎白女王从小便被施以严格的家教，据其传记记载，她的众多礼仪规则中就有如下一条。

坐在椅子或沙发上时，严禁后背靠上去。

实际上，以剑桥公爵夫人凯特·米德尔顿为代表的欧洲王室女性们确实严格遵守这一坐姿，无一例外。

收视率超高的电视剧《唐顿庄园》讲述了 20 世纪 20 年代英国贵族格兰瑟姆伯爵家族的故事，电视剧中登场的人物也严格遵守了这一坐姿，落座时背部与椅背之间时刻保持适当距离。《哈利·波特》中扮演一位女教授的老年女演员玛吉·史密斯也是如此。

入座后，伸展脖颈与背部，肩膀自然打开，舒展胸部。此外，小腿与椅子、沙发保持适当的距离。双腿微倾，膝盖并拢，双脚自然向前。在视觉错位的作用下，此刻的腿部线条会显得更加修长，为我们带来意想不到的惊喜！但是一直保持膝盖并拢的姿势也是非常辛苦的。所以感到疲惫时，可以将双腿角度略作调整，双脚的脚踝前后错开以保持身体平衡，同时也可稍稍放松腿部。

这一优美坐姿也同样适用于日本和服界。由于腰带于背部打结，这一坐姿可以有效保持和服的整体造型。和服更适合溜肩者穿，因为和服强调颈部线条，略微下滑的肩胛部更能突显出整体的美感。

我一位朋友曾在飞机上偶遇年近 80 的黛薇夫人，深深为其风采所折服。朋友告诉我，当时二人相距不远，所以他有幸能够近距离欣赏黛薇夫人的高贵气质。他说飞行全程中，除了休憩时间外，黛薇夫人一直保持正襟危坐的端庄姿态，背部也未曾倚靠过椅背半刻。观其坐姿，无论如何都觉得她不过五十多岁而已。

我们应该反思，自己能否做到落坐时背部始终与椅背保持距离？要做到这一点，首先应从锻炼躯干部位肌肉开始，即便不能坚持一小时，也要尽量在落坐时保持这种坐姿。

20年后的自己一定比今天更加出众

你知道吗?

其实,我们可以轻松改变自己的身体,而且这种改变可好可坏。

我有一位举止优雅、体态端庄的女性朋友。她常年练习芭蕾,所以体态好也是情理之中的事情。

最令我感到羡慕的是她的下腹部。虽然她如今已是两个孩子的妈妈,但下腹部仍旧平坦如少女,也并非全是肌肉。她的身体线条紧绷有致,完全没有这个年龄女性身上常见的圆润感。

"你在做一些特别的运动吗?比如跑步之类的?"

"我也就一周做一次普拉提而已。"她马上回答说,"但有时候也顾不上做。毕竟孩子年纪还小,有的时候不知不觉就忙到天黑了。"

"做不了普拉提的时候,你都做些什么呢?"

"嘿嘿，你可能会笑我，我早晨起床后会跟着"优兔"（YouTube）做广播操，做到第 2 部分。"

"其实广播操你要是认真做的话也很有效果的。你就权当我骗你好了，试试看。"

半信半疑，我就以被骗的心态试着开始做广播操，然后意外地发现如果全身心投入其中，确实有效。

除此之外，她还给我介绍了一些她经常做的其他动作，而且马上就可以付诸实践。

★ 等红绿灯时，收紧肚脐、肛门，舒展胸部。当养成这一习惯之后，走路时也可以一直保持该姿势。

★ 乘地铁时不要坐下。也不要依靠吊环，试着站立保持平衡。

★ 睡觉前，在床上平躺或泡澡时，收紧肛门、阴部2 秒后放松，重复该动作 20 次。

★ 做饭时，特别是炒菜或者炖煮食物时，一边翻炒着锅中的食物，一边缓慢地做深蹲动作。

★ 上楼梯时一步上两阶。

★ 看电视时做拉伸运动。

★ 步行 15 分钟之内可到达的地方选择走路去。

★ 提重物时下腹用力，避免用腰部，要用腕部力量。

另外，有位美国友人则鼓励我早晨早起 10 分钟，给自己留出冥想的时间。

据说 2018 年被困于泰国洞穴中长达 2 周以上的足球少年们之所以能奇迹生还，始终保持冷静直至获救，正是因为教练将自己曾于佛教寺院中习得的冥想法传授给了他们。救援人员在洞窟中发现这些孩子们时，个个都是一副波澜不惊的神态，宛如修行多年的得道高僧。

所谓冥想，一言以蔽之，就是以鼻呼吸 4 秒，然后经口吐气 8 秒，即腹式呼吸法。

进行冥想时，须如前文所述，伸展脖颈与背部，肩膀自然打开，双目微闭。

一件事，一旦习以为常，就成了习惯，坚持上述动作一周以上，就能感到明显的变化。

我们会发现自己的体态变得更加优美，腹部变得平坦，即便体重没有任何改变，也会意外地发现衣服似乎更加合体了。

请一定要尝试。

上镜之人的幸福法则

上镜在英语中被称为 photogenic。

上镜的人都深谙展现魅力之道，而且他们往往在视频拍摄中表现得比他人更加出众，这种自信感也会渗透到日常生活的各个方面。

女演员们最初也会因为万众瞩目而感到手足无措，经历过这个阶段后，才会逐渐成长为耀眼的明星。所以我们也先从适应摄影、视频拍摄镜头开始吧。如此我们就能如女演员一般，发现自己最具魅力的一面。

接下来我想传授给大家一些小技巧，可以瞬间如获得魔法加持般，不依靠美颜 APP 也能拍出漂亮的照片。

当今社会，SNS（Social Network Software, 社交软件）社交已经成为生活中不可或缺的一部分，应该没有人能够完全脱离脸书（Facebook）、推特（Twitter）、"照片墙"（Instagram）而生活吧。

各色美颜 APP 出现在我们的手机中，它们如同大头贴机一般，可以将眼睛放大 20%，让我们瞬间魅力四射，也可以完美掩盖皮肤上的粉刺、皱纹，甚至可以让我们的腿看起来更加纤长。但是过度依赖美颜 APP，反而会让大家有所怀疑，觉得这是拍照之人自我认同感过低的表现。

　　我们完全有办法摆脱美颜 APP，让照片更加接近真实状态，同时又让照片效果实现飞跃式提升。提前学会这些方法，掌握拍照技巧，就会在面对镜头时自然而然地反映在举止动作上，让自己看起来更美丽。

　　在与职业摄影师合作的过程中，最让人惊叹的莫过于底片数量之多了。职业摄影师在拍摄时，会让模特频繁地变换角度与表情，然后在众多的底片中挑选一张效果最出众的。

　　而在与职业模特合作过程中发现，无论拍多少张照片，都是截然不同的画面，且无一张毫无价值，令人不禁感叹模特的专业性。

业余模特难免紧张，往往会控制不住地在摄影师按下快门的瞬间闭上眼睛。但是职业模特则完全不同。立于镜头前，他们摆出的每一个姿势都是那么优美。若我们也能做到这一点，就会在拍摄视频时发挥出不俗的表现，媲美专业演员。

以下是我在拍摄现场时请教专业摄影师和模特后总结出的拍摄技巧，相信每个人都能轻而易举地做到。

★切忌双臂紧贴身体，应留出适当的空间

双臂紧贴于两侧后，上臂会因受到挤压而变粗，那么照片中的胳膊部位就会看起来更粗壮。双臂微屈，与身体两侧保持一定距离，或将双臂置于身后，在视觉上就会让胳膊看起来纤细得令人称奇。

★下巴微收

下巴轻抬时，会给人一种居高临下的傲慢之感。微收下巴时，肩膀也会随之自然打开，进而伸展颈部线条，下巴线条便会更显紧致。

★ 双腿略微交叉

将一条腿自然前伸，使双腿呈略微交叉状。前伸的腿会自然露出脚背部分，拉长腿部视觉效果。虽然这与鞋子的选搭也有密切的关系，但只要露出脚背，就会有拉长腿部的视觉效果。

★ 了解自己最美的 45° 侧颜

大多数知名女艺人或主持人在参加大型节目时，一般会指定座位，以展现自己的最美侧颜。例如，若认为自己左侧颜最美，就会在接受采访时选择右侧的座位。反之则选择左侧的座位。若认为自己正脸最美，那么无论坐在哪里，都要尽量正视镜头。浏览"照片墙"（Instagram）时我们也可以发现，越上镜的人，拍照角度越固定。

★ 相机高度位于胸部与肚脐之间

拍上半身照片时应采用俯角拍摄法。虽然有人坚信低角度拍摄会让腿部看起来更加修长，但有一点不可忽视的便是，被拍照者俯视摄像头时往往眼睛微闭，看起来昏昏欲睡。若想在视觉上拉长双腿，不妨参考前文提及的窍门。要时刻谨记，脸部，尤其是眼睛，是整张照片的精髓所在。

★坐时浅坐，腿部向前伸展，略微倾斜

拍照时，为了让我们的背肌看起来更加舒展紧致，只需采用浅坐的姿势即可轻松实现。双膝并拢，双脚置于膝盖的斜前方。若双脚位于膝盖内侧，双腿在视觉效果上会缩短一些。若因长时间保持同一姿势而感到疲惫，不妨在保持双腿斜前伸展的前提下，用一只脚抵住另一只脚的脚跟，双脚前后错开即可缓解。

★理论上，双膝应尽量并拢

即便双脚前后错开，双膝之间也不可留出空隙。如需左右分开，那就干脆彻底分开双腿，并伸长一条腿。无论是站、坐还是蹲，膝盖并拢始终是基本原则。

★尽量避免在灯光直射条件下拍摄

夜晚用手机拍照时，为弥补光线的不足，很多人会选择站在电灯或者其他灯光的正下方拍照。由于灯光是

自上而下的照射方向，所以会在脸上留下阴影，让面部看起来十分疲惫。此外，荧光灯会让整张照片呈现出淡淡的绿色，所以我们要尽量避免在荧光灯下拍照。

★还在担心面部暗淡无光？巧用白色衣服充当反光板

职业摄影师在户外拍摄时，反光板必不可少。反光板可以让我们的面部看起来更加神采飞扬，完美遮挡皱纹，提亮肤色。如果我们没有反光板，那么只需在面部周围创造出白色空间即可。可以选择白色衣服或者衣领为白色的衣服、白色围巾。

★拍照时收腹

收腹，挺胸，舒展肩膀。如此我们的颈部曲线会变得更加紧致。照片中凸起的小腹等细节往往决定了整体的效果是否完美。

★按下快门前 5 秒钟，将手抬至高于心脏位置，拍摄前回归原位。

你是否有过这种让你哭笑不得的经历——明明照片

效果卓群，却一眼看到了手背上凸起的血管，也因此暴露了年龄。其实我们可以轻松避免这一状况。专业手模告诉我们，拍摄前5秒我们需要将双手抬起至心脏上部，做出一个类似"万岁"的动作，手部凸起的血管便会立刻消失。即便拍摄前我们重新把手放至适当位置，血管也会继续隐藏不现。只要在摄影师每次按下快门之前重复这一动作就可以了。

牙齿，一辈子最重要的自我投资

按照世界标准来看，我们最重要的自我投资是什么呢？

当然是牙齿。

我们或许身着一线品牌套装、鞋子、手表，举止优雅，气质不凡。皮肤、手部与头发也保养得美艳动人……

但是很遗憾，一旦你露出一口黄牙，那你的形象会瞬间大打折扣。有时候参差不齐的牙齿会给人以可爱感（即便是欧洲人，牙齿也并不完美），但一口黄牙只会让人退避三尺。尽管美国人并不过度重视细节，但在他们看来这也是忍无可忍的。

唯有这一点，日本与世界标准还存在差距。曾经只是上流社会间通用的这一规则，如今也已成为社会一般规范了，甚至如同口臭、体臭、头发脏乱、指缝泥垢一样的令人生厌！所以，我们应该对牙齿投资进行重新审视。一旦出现牙齿问题，就该将我们花在高价珠宝、奢侈品牌上的精力与金钱转移到对牙齿的投资上。

一位曾经常出席世界各国投资家、执行官级别商务会议的友人告诉我，"我曾见到过一位亚洲商人，笑脸迷人，牙齿洁白，待人非常客气，面对我时总是笑脸相迎。我本来以为他是香港人，后来发现竟然是日本人。而我从未见过牙齿如此整齐美观的日本人，所以当时着实震惊了一下！"

日本人仅凭美观的牙齿，就可以让人如此感动，不仅迅速占领了优势地位，还给人留下了一个良好的印象。

只要牙齿洁白，不管出席何种场合，都可以自信满满。还能给人以干净清爽的感觉，似乎因此而立刻年轻了5岁！

而且更重要的是，我们自己也会因此而变得更加开心愉悦。

笑口常开福自来。

踏上美白牙齿的光辉大道吧。不如从今年起，一起坚持为牙齿做个定期投资如何？

努力保养，打造水润肌肤

服装也许不会在第一印象里留下痕迹，但肌肤光洁或是脏污却会给对方留下深刻的印象。

"透明感"和"洁净感"是决定好感度的关键因素，肌肤对好感度的影响力不容小觑。

光洁的皮肤能够很好地隐藏生活中邋遢的一面。相反，若是满脸粉刺、油光、毛孔粗大，皮肤干燥浮粉，哪怕其他方面再优秀也无法弥补这一缺憾。

大概正因如此，纽约的顶尖销售或是商业界的成功人士，无一不拥有着光滑明亮的肌肤。我们几乎见不到满是痘印的商务人士。

这是因为他们的肌肤保养始于青春期，并有幸拥有对皮肤问题也十分看重的父母。这份对待皮肤的认真态度令人叹为观止。

在这里，我几乎没见过青春痘泛滥的青少年，因为他们早在苗头初现时就去皮肤科就诊了。

我 21 岁的女儿也是，一直都在坚持使用皮肤药。

初次见面时，我们的目光首先注意到的一定是对方的皮肤。

若皮肤粗糙，再美丽的容貌也无法阻挡印象分下降30%。

美丽的肌肤能够隐藏各种缺点。

而且，光滑的肌肤足以掩盖其他问题，让我们看起来光彩迷人。

这些年，每每参加同学聚会，总能被大家夸赞道："你完全没变啊，皮肤真好，用的什么产品？"

我从不说："也没什么特别的。"

没错，我在护肤方面不仅花费了大量的金钱，还做了微整形。

事实上，我在二十多岁时也并未对自己的敏感肌肤给予充分的重视。哪怕赤日炎炎，也依旧毫无保护措施地暴晒肌肤，后果无疑惨烈至极。如今也是一样，即便涂了防晒霜，面部肌肤还是会被晒得通红。

不过，上了年纪之后还能保持皮肤光洁如初，这得归功于专业美容师及一些精通此道的朋友。

约莫十年前，每次回国我都会找相熟的皮肤科医生咨询，并请求他为我实施手部及脸部的祛斑与紧致手术。

我有一位朋友做了激光美容，术后由于脸部泛红，五天内无法外出。但这个手术让她原先干性且极易浮粉的皮肤变得干净透亮，简直判若两人。

最开始的肌肤投资，或许是在深思熟虑下，鼓起勇气做的决定。不过一旦收获了满意的皮肤，剩下的就只是维持问题了。每年去一两次皮肤科，其余时间只需精心保养就足够了。

这就是我的护肤方式。除此以外，我们也要切记不可贪得无厌，轻微的色斑与皮肤松弛并不妨碍整体美观，要做一个安于岁月款待的淡然女子。

立即开始保养肌肤吧，既可以使用效果卓越的护肤品，也可以尝试一下皮肤科的所有项目。色斑颜色越深越难祛除，所以色斑与松弛的护理势在必行。

学习纽约式护肤，将手脚的护理交给专业人员

　　即便是在纽约曼哈顿，从东60到90街、5号街到公园大街的范围内，富豪聚集的街区也不过数十个。住在上东区的人们不可能无时无刻都衣冠楚楚，似要登上《纽约时报》的封面一般。上午在公园大街附近的人们大多素面朝天，穿着一身诸如"lululemon"（露露乐蒙）之类的运动休闲装。"哇，差别怎么这么大？"初次见到的人总会忍不住惊叹道。

　　令人意外的是，许多社会精英女性在婚后都会辞去工作，甘心做一名照顾子女的全职太太。她们在每天早上送孩子去学校后，就会前往瑜伽、普拉提或是SoulCycle动感单车俱乐部等培训班运动塑身，几乎日日如此。因此，健身房的普拉提班和瑜伽班总是时刻爆满。

　　人在素颜时会感到全身放松。然而，似乎只有我一个人放松过了头。

进入瑜伽教室，脱下运动鞋和袜子，我就意识到事态不妙了。大家的脚后跟都很漂亮，即便是寒冬腊月，脚指甲上也少不了精致的指甲油。

　　再看我，不仅有一个如同盖了一层粉一样惨白无比的脚后跟，指甲上也是一片斑驳。

　　就连脸部有皱纹、手指不施美甲的人，双脚也涂着美丽的指甲油，无一例外。这么形容虽有些不太礼貌，但事实的确如此。

　　我丈夫的朋友吉姆，每周定会去一次美甲沙龙。当然，他并非去做美甲，只是单纯地做一个手部护理而已，他可没有龙阳之好。美甲沙龙里虽鲜有男性客人，但也并非绝迹。

　　还有一件事也让我印象十分深刻。

　　我曾读过一本并不著名的英国侦探小说，作者和书名我都已经不记得了。故事发生在 20 世纪 30 年代，其中有处描写我至今难忘。

　　身为主人公的侦探发现了一具尸体，已经死亡了数天，尸体的腐败程度相当严重，所以侦探和警察都难以确定死者的身份。

虽然死者身穿工服，但侦探还是判断死者并非一名普通的工人，而应当是来自上流阶层。

判断的依据是——

指甲。死者虽是男性，但指甲却异常干净整洁，明显是常做手部护理之人。当时会为手部做护理的男性只可能来自上流阶层，因此可以判定他绝非一名普通工人。

双手能如实反映出一个人的生活状况。我们要对着镜子才能看见自己的脸，而手却能时时映入眼帘。

此外，人们也会对我们脚部评头论足。不仅是鞋子，有时我们光脚的样子也会出现在他人的视线中。

脚后跟若长期疏于护理，就很难恢复柔滑的状态。因此，居住在上东区的人们必会委托专业人员进行定期护理。不仅是夏天，哪怕冰雪季节，她们也会为了到南方岛屿度假或参加瑜伽班时裸露双脚而做好准备。

手脚总会在意想不到时暴露人前。即便平日的工作再繁忙，也要留出部分预算，用于手脚部位的专业护理。

膝盖与手肘值得被精心呵护，一如我们的面庞

可可·香奈儿女士曾说："人的身体各部位中，膝盖是最难看的，绝不可外露。"而她本人的裙子也大多长度过膝，对迷你裙的态度更是十分坚决，认为"非常厌恶，毫无庄重感"。

确实，膝盖和手肘都是关节部位，褶皱堆积，毫无美感可言。

然而，卡尔·拉格斐成为香奈儿品牌设计师后，开启了迷你短裙的新时代。

"可可·香奈儿曾经非常抗拒迷你短裙，那是因为当时女性的膝盖普遍都不美观。但是，如今的年轻女性们都拥有漂亮的膝盖。最重要的是，香奈儿在 20 世纪一二十年代所提出的服装概念，与如今从束腰内衣中解放出来的迷你短裙相比，不是有着异曲同工之妙吗？"

时尚的风向会随着时代的更替而改变。我们曾认为

"优雅"的定义是永恒不变的，但事实却非如此。想来，身为男性的卡尔·拉格斐都开始钟情于迷你短裙，我们又有什么理由再对其视而不见呢？

　　迷你短裙可以让男性尽情欣赏女性的迷人双腿，因此颇受男性的青睐。卡尔·拉格斐虽有龙阳之好，但对女性服装的审美无疑还是出自男性心理。而且对于身材娇小的女性而言，露膝的长度也能让整体比例看起来更加协调。

　　夏天穿迷你短裙时总会裸露双腿，因此我的膝盖也有幸享受到与脸部相同的护肤品。尤其是褶皱堆积的地方需格外注意，不要吝啬于脸部精华液和乳液的使用。

　　我们全身需要保养的部位远不止一个脸部，膝盖、手肘和脚后跟作为身体中"丑小鸭"部位，也需得到和面部一样的精心呵护。手中的化妆品就足以提升这些部位的柔滑度了。

用声音俘获人心，我要成为这样的女人

在巴黎圣日耳曼德佩区宽敞道路旁的露天咖啡厅里，两位年过四旬的女性相对而坐，正谈笑风生地喝着咖啡。很明显，她们穿着圣日耳曼德佩高档时装店的当季新款。

若我是个男子，定会对她们一见钟情。恰巧她们旁边的座位空着，我便一个人坐下了。她们在聊些什么呢？过的是怎样的生活呢？对此我十分好奇。

我听出她们说的是英语，其中一人还带着法式口音。可是怎么也听不清她们的聊天内容，明明距离已经近到几乎要贴着袖子了。

给他人留下很好第一印象的人，声音的音调都很有特点。

虽然也会受到周围嘈杂环境的影响，但这些人的声调普遍低沉。在安静的地方更是如此。

因此，有时会为了听清对方的声音而将身子靠在咖啡桌上，将脸贴近对方，或是前倾身体。同时也必须采取这种亲密的姿势，才能让对方听清自己的话。

当然，隔壁桌的客人是听不见的。

人是难以捉摸的，听不到、看不到的永远在骚动。越是神秘，越容易引起他人的兴趣。

西方的礼仪典籍中有明文要求：在咖啡厅和酒店的大堂、机场等公共场所，若周围较为安静，应放低音调，以防吵到隔壁桌和附近的人。

一堆陌生人聚在一起大声喧哗时，陌生的语言更让我感到聒噪。中年妇女（失礼了，我是指和我一样年纪的女性）在公共场所的高声谈论也是如此。

尤其是在国外等言语不通之处，这种感觉愈发明显。这是因为在旁人听来，陌生的语言结合高音调的效果远超单纯的杂音，语言越陌生、音调越高，效果越震撼。

平稳的低音调是知性、沉稳的成熟女性的标志，好似清风拂面，高低适中的声调最佳。试图说服对方时，可以将声音稍稍放低，或者事先通过录音的方式把握好自己的音量和音质特点。

以一种引人倾听且恰到好处的音量，向对方娓娓道来。

虽说如此，面对不同的对象，女性的音调会主动发生改变。接到爱慕对象打来的电话时，她们的声音会自然地上扬一些，且略带娇嗔。若能自主控制这些细微的声音变化，就可谓是一位成熟女性了。

虽然声音的短板因人而异，比如说话鼻音重，含糊不清……但可以通过练习养成一副发音清晰且有磁性的好嗓子。进行声音训练时，腹式呼吸法能让音调自然下沉。

挺直胸背，面带笑容，视线基本与对方四目交会。不过，长时间与对方对视委实有些难为情，因此可时而放松视线，但不要低于对方领结的位置，或者还可将视线稍稍左右移动，这种"侧视"的效果十分好。

相比否定性话语，肯定性话语不仅能让自己心情舒畅，也能避免给对方留下糟糕的印象。

　　在对话中，常常需要对对方的观念和话语稍加附和，表明"我完全赞同你的观点"，让对方感到"自己认真思考的事得到了他人的理解"，从而对你好感倍增。

告别高昂美发，只需享受专业人士的吹发服务即可

最近几年，一家名为"Drybar"的美发沙龙在纽约火爆非凡，这家美发沙龙的价格亲民，且店内只提供洗头和吹发服务。

小型聚会、精心准备的约会、重要客户会议、和婆家会餐等，凡是带有些许特别意义的日子，我都习惯先去 Drybar 做一个吹发定型。一位朋友发现了其中的商机，便在东京也开了一家 Drybar。那些暂居东京的纽约人早已习惯享受吹发服务，可想而知他们对这家新店的欢迎程度了，不仅如此，就连日本女性也开始钟情于吹发服务，因此总是预约不断。

潮湿、阴雨天气中紧贴头皮的头发，或是因过分蓬松而显得杂乱无章的头发，打理都需要花费很长时间，且必须拥有高超的吹发技术。普通人想要仅凭一己之力做到，可谓难如登天。

交给专业人员，绝对还你一个自己无法打造的靓丽发型。发型对外表的影响不容小觑。

英文俚语"Bad Hair Day"指的是萎靡不振、郁郁寡欢的日子。由此可见，头发对女性的重要性甚至足以左右一整天的心情。

因此，相比美发店，我更常去的是一些提供优质吹发服务的沙龙。容我赘述一句，纽约的美发沙龙里有一条不成文的规定，需要支付 5 ~ 10 美元（折合人民币34 ~ 69 元）的洗头小费以及约为总价 20% 的吹发小费。

第 **2** 章

晋升时尚达人的第一步——避开雷区

99% 的失败后就是 1% 的成功

我虽然粗枝大叶，但每年都会设定一个服装开销预算。

9 月和 3 月正值换季，服装的花费也会骤然增加。我将预算分为春夏、秋冬两部分，并包含了 10%~15% 的失败购物成本。

换句话说，这也同时证明其中 85%~90% 的衣服将甚合我心意。想要实现质的飞跃，就要在服装购买方面不断试错，多多体验失败。只有经历过失败，才能发现全新的自己。

我们常说，天才科学家的发明，就是 99% 的汗水加 1% 的灵感。

换而言之，99% 的情况是毫无进展，或者接连失败。

爱因斯坦曾说过："一个没有经历过挫折的人，是不可能向新事物发起挑战的。"

果达尔（Goodal）的首席执行官（CEO）也曾经说过："乐观看待一切，勇敢尝试那些让你跃跃欲试的事物。即便失败，也只不过是生活授予你的荣誉勋章。"

研究者和开发者 99% 的生活由失败构成。我们要紧紧抓住 1% 的灵感和可能性，不断经历失败，不断试错。

确实，只有不惧怕失败，才能有惊人的新发现。

服装也是如此。你是否也有过这样的经历呢？明明买衣服时觉得美若天仙，但是穿在身上时却仿佛魔法消失了一般，毫无魅力可言。

你是否也曾经历过，国外旅行时兴致勃勃买到的东西，结果意外踩雷？我就有过这样的经历。

或者下决心减肥时，故意买了小一号的衣服，本希望能起到激励的作用，结果根本没有瘦下来，反而陷入消沉。

但是渴望失败就意味着渴望挑战新事物。即便以失败告终，也权当作"荣誉的勋章"。为自己设定一个失败经费吧。

轻松愉悦地经历失败，才是人生的乐趣所在。

让我们勇敢迎接"失败"吧。

METHOD

与失败品对话之心得

当今日本，断舍离之风盛行，而我基本不会断舍离。换句话说，我无法做到舍弃。

我扔掉的都是一些年份已久、布料起皱的衣服。

那么，那些不合心意的衣服都已经被遗忘在衣柜的角落里了吗？

并非如此。即便是失败品中，也能发现一些令人"心跳"的衣物，于是我便把它们专门收纳在失败品橱柜里，以作警示之用，并将其命名为"失败品博物馆"。不要将失败品隐藏起来，而要刻意让它们进入我们的视野中。这样做也并未占用太多空间。库存是销售中最大的问题。将货物放置于目不能及的仓库中，就会让大家完全忘记它们的存在。那些被束之高阁的衣服最终一定无法摆脱被时代遗弃，被我们嫌弃的命运。

所以，我自己的衣橱里为失败品留出了一席之地，将其放置于我目光所及之处。当我们望着这些被贴上失败品标签的衣服时，或许有一天会突然想到，这件曾经打动我的衣服，"稍稍改一下肩膀部分，或许就可以穿了吧"。如此一来，失败品也有可能迎来自己的春天。特别是当我们步入另一个人生阶段，身材出现某些变化时，就可能出现上述情况了。

正因如此，我不会轻易舍弃它们。即便我忍心舍弃，我也不能轻易斩断相遇之缘，这大概纯属天性使然。

但是，我绝对不会只因为价格便宜等理由随意购物带回家。我只选择"打动心灵的衣服"，无关价格。

在断舍离之风盛行之际，我终于认清了这个重要的问题。若一直将失败品置于衣柜深处，定会让其远离时尚大潮，让它们还未被使用，就已丧失了其应有的价值。对待衣服不应采取丢弃这一下策，不妨转变思路，捐献、赠予或是网上转卖，也不失为好主意。

秉承"美好的节约"精神，购买有投资价值的衣服

我们在 20 多岁时，听到"节约"这个词会是什么反应呢？

然而我与勤俭持家的丈夫长年一同生活时却慢慢领悟到了节约的道理。勤俭成痴的丈夫，与沉迷消费时尚的我形成鲜明对比。

我们之所以能够长年保持夫妻和谐，秘诀在于我十分敬佩丈夫的勤俭之道。"美好的节约"是一种对自身欲望的约束力。杜绝浪费，不在无需之处花钱。但是在必需之处也绝不吝于花钱。

比如，美国人都有付小费的习惯。每逢年末，他们都要向常年为自己服务的门侍、停车场小哥、保洁员，以及其他给予过帮助的人道谢，并慷慨奉上一定数额的小费。

我从丈夫这种张弛有道的做法中受益匪浅。

为他人花费的金钱会进入一种循环中，惠及下一个人，兜兜转转，最终让自己获益。看看身边大手大脚的人我们会发现，我们花费在自己身上的金钱，包括浪费在自己身上的金钱，最终都终止于自己，并不能循环往复，惠人及己。

　　消费有两种形式。一种是浪费，即没有循环，直接进入终止状态。另一种是投资，即经过长时间的循环过程，终将回报于自身。我的丈夫也有消费行为，只是会尽量避免浪费，他更擅于投资，我将其称为一种"美好的节约"。

　　关于衣服，我会在第 3 章到第 5 章的内容中针对具有投资价值的衣服进行详述。当我们遇见心仪的衣服时，若能兼顾巧妙的节约，那便是再好不过了。

　　以下是我整理出的七条"关于衣服的美好节约"法。

① 打折商品在可信度高的网店购买。实体店的衣服大都沾染了污垢，而网店衣服则全然不同，会让我们更加心情愉悦。

② 在网店购买反季服装更是实惠多多。

③ 打折销售时，如果没有合适的尺码，可以购买大一号的衣服自行改小。但是，切记一定要选择易改的款式。

④ 明年我们还想继续穿的衣服，每次清洗都要认真洗去细微的污渍及污垢。衣物得以长期保存的秘诀就是脱下之后仔细检查。人也同理，定期进行短期住院体检，也有益于保持良好的健康状态。

⑤ 换季时务必将衣物阴干。尽量使用带有除虫功效的蒸汽熨烫机，可以让蓬乱的衣服立即重焕生机。将每件衣服都视为"独苗"，好好珍惜它们。

⑥ 使用频率最高的衣柜格子中常备三种不冲突的颜色，白色除外。这会让穿衣搭配更省时间，也会减少我们买到失败品的次数。

⑦ 除社交场合的装扮外，比如周末穿的休闲装，

只需挑选价格相对便宜的衣服即可。出门时可以搭配一些质量上乘的手包、项链或者鞋子以提升整体形象，衣服本身的廉价感自然也就被成功忽视了。

第 **3** 章

衣橱必备——彰显魅力的『制服』

时尚多变的穿搭并不意味着幸福

20 多岁时,我曾是一名时尚杂志的主编,当时可以说是视衣服如命了。

为了体现杂志的品位,我竭尽全力让自己每天都有不同的穿搭。

我真的很爱时尚。

即便到了纽约,在一家日本报社做记者,我也会保证一个月三十天,每天都有新穿搭。那时除了外出采访外,我们的服装都可以自由选择。

因此,同一办公室的女同事们纷纷艳羡:

"你衣服真多啊,太时髦了。"

"不愧是做过时尚杂志主编的人。"

虽然言语中并无讽刺之意,但是听完却让我陷入一阵反思。

我这才意识到："我这么做的意义何在呢？"在日本时的我，完全沉浸在时尚的海洋里，根本无暇顾及这个问题。

拥有数不清的衣服，并不是什么了不起的事情。

一个月之内每天换不同的衣服也并不会给我们带来幸福。

实际上，那段时间我完全陷入了困境，无论和谁交往，都不能长久维持。

当时，翻开《VOGUE》等时尚杂志就会发现，当时"fashion victim"（时尚牺牲品）一词盛极一时。

我在公司里如此费尽心思打扮，究竟是为了吸引谁呢？

或者我对时尚的努力追求，只是为了获得自我满足感？难道我真的只是一个时尚牺牲品吗？

我还发现，每天对不同衣服的执着，对搭配的过分追求，反而让自己更加苦恼，这样一来，我遇上普通衣服的频率也就更高了。因为如果每件衣服都很平庸，反而更容易搭配。

个性单品与钟爱的小饰品不适合轮换穿搭。即便想要用于轮换穿搭，出于经济原因也很难实现，我们不可能逐一购买合适的单品与之搭配，最终只能用普通饰品搭配这些衣服。即便每天穿搭不同也难免流于平庸。

我逐渐意识到，即便再怎么努力以不同的衣服示人，也只会让别人觉得自己是个追求时尚，在衣服上浪费了过多金钱和精力的人罢了。

意识到这一点后，当我的女儿夏季来纽约参加为期10周的实习时，我从第一周起就只为她准备了十天的"制服"，然后10周时间内循环穿着。也就是说，她多次重复同一套穿搭。

虽然女儿很喜欢时尚的衣服，但她从一开始就知道，办公室并非时尚秀场，因此实习也得以顺利进行。

如果这并非实习，而是正规职场，第11周的时候定会迎来换季，到时再准备几套新衣服即可。

这样确实就足够了。

因此，与其追求每天不同的穿搭，不如拥有一套自己的"制服"，在这一章内我将为大家讲述行之有效的具体方法。

将当季衣服都挂在同一个落地衣架上

纽约曼哈顿中心公园大街的门侍个个威风凛凛，神态举止都好似英国贵族的管家。不过当他们脱下制服坐在列克星敦大街的快餐店里时，模样看上去不过就是普通的中年大叔，神情气质都判若两人。

无论是以前护士身上那套端庄整齐又贴合身形的白色制服和帽子，还是客舱乘务员们以藏青色为主基调的专属制服，都曾令无数男人为之倾倒。不管是哪一套制服，其优美大方均凌驾于家居服之上，如果护士或客舱乘务员们身上穿着家居服，那情形可真是令人无法想象。

没有人能抵挡得住制服本身的魅力，不可思议，又令人着迷。高中毕业之前我们每天都要身穿校服，早上出门时也根本无须考虑穿搭等诸多麻烦事，现在想来真是美好，不知大家是否有同感呢？

东京港区的贵族幼儿园开家长会时，大家都会穿一身藏青色的连衣裙；在纽约参加聚会时，毋庸置疑，出席者都会选择"LBD"（Little Black Dress，小黑裙）。为了让自己融入集体环境，每个人都选择将藏青色或黑色服装作为"制服"加以灵活运用，以上例子便是最好的证明。

高考、工作、结婚，人生阶段发生重大变化之时，或是想要在某个领域大展拳脚时，都可以提前准备几套"制服"样式的服装。如此一来，每天便不会为"啊，又没有衣服可穿"而焦虑，也会渐渐对选搭衣服得心应手，从而乐此不疲。

我在做杂志编辑的时候，时装单页上都会介绍拍摄前的服装搭配小妙招，我觉得都很实用，下面便为大家介绍一下。

首先要定好服装主题。

比如面临高考、就业，或与新交往的男朋友约会时，先要思考自己最想突出亮点的衣服种类。然后准备好几套适合的服装，再以电影服装工作人员的视角，为自己的服装设计出谋划策，思考自己最佳的姿态与搭配，这样的视角会更客观，也更正确。

其次，请准备一个移动式落地衣架，并放到某个一目了然的角落，接着把适合服装主题的衣服全部挂上。因为衣物被收纳于抽屉中时，我们很难一眼找到心仪的那件衣服。

当所有的衣服都被挂在衣架上时，则有一种宛如精品服装店的统一感，看着令人赏心悦目。另外，悬挂时，挂钩方向应朝内，这样可以一次性取下多件衣服，从而节省大量时间。这一点，对时尚编辑或造型师来说可谓是基本常识。

搭配时也可手持挂衣架重叠试搭。此外，悬垂状态下的衣服也容易比较衣长，还能借助重力消除衣褶，真可谓是一举多得。

选择衣服时要注意以下三点。

① 选择除白色以外的 3 种固定颜色

比如藏青色、米黄色，外加另一种颜色，或者黑色、灰色搭配另一种颜色。3 种固定颜色中，在藏青色、黑色、米黄色和灰色中挑任意一种颜色，再搭以与之相配的另外 2 种颜色方为第一妙策。

如果大家都是妈妈，可适当搭配些藏青色、米黄色或者浅灰色、淡粉色的衣服，这样容易引起同性间的共鸣。如果选择印花类的服装，建议图案颜色与全身主色调相同。如果工作场合相对保守，也可以在黑色或藏青色、灰色的基础上，再搭配一种素雅的颜色。

3 种固定颜色中的其他一两种颜色可随秋冬、春夏的季节更迭而变换。当心情或生活状态发生变化时，也可以循序渐进地改变自己衣服的颜色。比如秋冬选择深灰、酒红和黑色，春夏可以将深灰色变为灰白色，用浅粉色取代酒红色。只要将主色调保持黑色或藏青色不变，"衣品"再差，也不会丢了"正统"的灵魂。

②请至少添置 3 套纯色连衣裙，颜色为藏青色、黑色、灰色或米黄色

选择没有任何装饰的简单款。只要能保证"即使身穿此裙，也不会给人留下任何印象"，那便是掌握了本

书的精髓。

③准备永远都穿不腻的高级精品服装

被当作"制服"反复穿的衣服,请选择款式简单,但一着身便感到非常舒心的类型,这样可以在很长一段时间内维持新鲜感。当然,最关键的还是要选择质感高级、做工精良的合身衣物,这一点很重要。

用保守的"外表"和"内在"，让性骚扰无机可乘

最近纽约频繁出现某位男性名人或某位大腕因被牵扯进性骚扰事件而导致其节目或电影被下架的新闻，闹得满城风雨，整个世界仿佛已经混乱到大家听到此类新闻就想大声说"布鲁图，原来还有你吗？"[1] 的地步了。

我个人非常喜欢的新闻主播也身陷此类丑闻中，真是太遗憾了。无论如何，进行性骚扰的色情狂无疑是罪魁祸首。这一点，美国人民都深以为然。

可是，我们打开电视时，难免会出现以下镜头：

电视剧中，身穿性感紧致、小一号衣服的护士出现在众人面前。这种性感诱惑的镜头时常能看到，当然这也仅仅是在电视里才会频繁出现。

---

[1] 这句话最早源自恺撒临终前对刺客布鲁图的质问，"是你吗？布鲁图！"，后莎士比亚在《尤利乌斯·恺撒》中将这句话改为"Et tu, Brute？"，意即"布鲁图，原来还有你的？"。

甚至在 20 世纪 90 年代以前，知名律师事务所还出现过女性律师都必须穿着裙子的规定，莫非是为了取悦男性客户？

其实纽约也是个男权社会，很多女性想要打破"天花板效应"，进入高层可谓"难于上青天"。

因此，因性骚扰而默默流泪者也是大有人在。

越是在男性同事多的技术部门供职，工作时间就会越长。一旦需要加班，就可能出现与男同事相处的时间超过家人的情况。所以职场女性一般选择干净利落的穿着，毕竟职场不是 T 台，而是与同事、上司及下属一起工作的地方。

如果职场同事或客户群体中男性居多，如何与他们友好共处就显得至关重要。"穿什么，怎么穿"是决定一切的关键因素。

想凭内在本事（工作能力）说话，就别让外表（服装）拖后腿。

为避免衣服本身给男性同事留下过深的印象，不妨选择与他们同样的服装。曾担任企业内部律师的参议员柯丝汀·基利勃朗特就曾说过："工作场合不需要'女人味'。"

选择不会招致性骚扰的保守式服装

当然，性骚扰的加害者永远都是过错方，这一点毋庸置疑。

但在工作中，如果穿着超短裙，或是在弯腰时会不慎露出乳沟的上衣，极容易勾起男同事的不轨欲望。所以我们要将这种可能性彻底扼杀在摇篮里。

正因为我们知道本能容易战胜理性，才要防患于未然，这对于女性的自我保护而言非常重要。

我的两位女性朋友麦琪·谢利和艾米·麦格雷斯现在都已经成为下议院议员候选人。

麦琪曾是一名美军直升机的飞行员，退役后进入乔治敦大学攻读法律专业，通过司法考试后成为新泽西州的联邦检察官。

艾米在 13 岁时便梦想成为战斗机飞行员，如今已成为"Top Gun"（顶尖的飞行员），成功实现了在被称为"最难关"的航母上着陆的壮举。

麦琪有 4 个孩子，艾米有 3 个孩子。

她们都是长年在以男性为主的职场中工作，所以穿的也基本是上文所说的无女性特色的服装。

参军年代，她们每天都被男性所包围，所以也早已习惯身处男性集中的环境了。

她们在出席为下议院选举做准备的募款宴会时，到场的男性比例高达 90%。当时她们二位像提前商量好一般，都统一换上了黑色的西装外套，保守程度让"黑衣人"都甘拜下风，恰到好处地抹掉了自己带给他人的性别印象。麦琪身穿及膝弹性窄裙，艾米则是一条直筒裤。

这样也无需将时间浪费在每天早上的服饰搭配上，可以将干练大方的服装设定为"制服"，在作为候选人出席活动时轮换穿着。

即便如此，这也并非与男性作战的战袍。至多算是"适应并融入"男性圈的"保护服"罢了。

身处男性都身穿西装的办公环境时，建议准备两三套与之相似的朴素又大方的精品西装。颜色可从黑色、藏青色、灰色、米黄色等中挑选，只要是符合自己风格的纯色即可。

若觉得西装裤太过严肃死板，也可换成细长裙。如果觉得细长裙太紧致贴身，不想过分暴露身材，也可以换成稍微宽松的 A 字裙，裙长距离膝盖不超过 10cm 即可。

如果职场中的女性同事或女性客户数量较多，则建议选择无领针织开衫系列的夹克外套，并且是米黄色、灰白色等略显女性气质的颜色，可以避免在人群中显得太过突兀。

在女权主义者或家庭主妇较多的聚会中，麦琪一般会选择以米黄色或橙色为基调的印花连衣裙，这样的衣服显得她平易近人，也让她的事业大获成功。

回想起来，自己年轻时还真是很幸运，因为当时任职的编辑部中以女性同事居多，自然也就不需要拿出"谁说女子不如男"的干劲。但就我的性格而言，如果身处男性较多的工作场合，肯定也会拿出"绝不输给你"的劲头，誓要与他们一争高下的。

现在我懂了，其实并非所有的男性都是天生成熟稳重，年轻时的他们也同样缺乏自信。

所以，如果女性太过干练成熟、细致周到或者太过张扬，总把男性当作假想敌，就会激发出他们的胜负欲，并让他们处于莫名的压力当中，甚至还会导致他们开始想方设法在工作中为难女性。

凡事都需要循序渐进，先从平淡无奇的外表开始，慢慢打造自己独特的存在感吧。

把男性当作同伴和战友的重要性

对于无意识做出性骚扰或职权骚扰的厚颜无耻的大叔们（因为他们和我属于同时代的人，所以我对这种事更有话语权），我们无法改变他们的思维。

但即便如此，我们也还有一件彻底阻断性骚扰的终极武器。这也是麦琪和艾米教会我的最重要技能。

"不用太认真，无视就好。"两个人的答案不谋而合。

这种事刚有苗头的时候就要果断拒绝。如果对方还继续纠缠你，那就告诉他这是性骚扰。

要渐渐让身边的男同事成为"战友"。

了解他们之间的运动话题，暂时忘了自己的女性身份，即使偶尔听到一些不文雅的词汇也别介意。偶尔也在业余时间大家聚会的时候露一下脸。当然工作过后的喝酒聚餐还是要 AA 制的。

一旦建立起超越性别的关系，就算以后真在职场遇到性骚扰事件，他们也会成为自己的坚强后盾。尤其是经历过泡沫经济的这代人，更是最值得信任的"战友"。

麦琪和艾米常年在男性居多的职场中奋斗，家里的丈夫和职场上的这些男性"战友"们无疑是支撑她们走下去的坚定力量。

　　我觉得，如今亚洲的许多二三十岁的男性，思想意识都已发生了很大的变化。所以我们不妨也改变一下诸如"女士优先"之类的观念，或是让男性请客的做法，将他们当作自己的"战友"。此外，在服装方面也可以尽量选择一些可以隐藏自己女性特色的衣服。

LBD[②]——突出"鲜花"的最佳"绿叶"

卡罗琳·肯尼迪曾被任命为美国驻日本大使，她向日本天皇递交国书时所穿的那身衣服，大家还记得吗？

那是一套当时在纽约无人穿过的藏青色连衣裙，款式简单大方，看起来做工非常精良，而且还将膝盖和手肘都盖住了，不得不说，这身衣服选得真是妙。

习惯参加世界级别仪式的人，无论男女都有一套关于服饰的固定法则。

在与不太了解自己的人见面时，无论是工作，还是私下生活，他们都会选择能融入人群的保守式服装。哪怕是注重个性的纽约人，其实也很重视会场或出席人员之间的气氛情绪。换言之，穿着打扮不要给人留下深刻印象，不能在他人回想的时候，立刻浮现出当时的情景："你说那个穿得特别花哨的人啊，他说什么了？"

---

② LBD，全称 Little Black Dress，即小黑裙。

在这里，我极力推荐 LBD 或者藏青色的服装。若身在纽约，LBD 绝对是不二选择；若身在日本，相信我，藏青色的服装绝对是不可多得的宝贝。不管款式如何，只要材质精良、线条优美、穿着安心舒服，就是最佳的选择。可以提前准备几套这样的服装，作为出席正式场合时的"制服"。

达官贵人或商界后起之秀们（尤其是男性），更会在出席社交场合时选择保守的服饰，并且在选择伴侣时，也大多都会青睐趣味相投的女性。所以高档的"素雅服装"不仅是出席正式场合的重要穿搭，更是经营幸福婚姻的必需品。

人的内在应当是主角，而外表则是最佳配角。

即便对时尚没有自信也无妨，只要能做到整洁大方、平淡雅致即可。这就跟操纵木偶是一个道理，衣服也不过就是你手中的傀儡罢了。

那我们要选择什么样的 LBD 呢？

★ 不要太廉价

太廉价的衣服会让人看穿内心的贫瘠。不要选择一看就很廉价的衣物，也不要关注穿特别廉价的衣服的人，要穿则穿一看便忍不住想要拥有的精品衣物。

★ 一定要合身

不管衣服大一号还是小一号，只要不合身，就会给人留下不协调的印象。练就一双"火眼金睛"，观察衣服剪裁是否符合人体身形，针脚等细节部分是否精心处理。

★ 衣服随时更新，换穿当季服装

即便是高端产品，5 年前的衣服也会显得很老旧。虽然 LBD 以简单大方为主打风格，且男性西装大都款式雷同，但事实上，衣服的线条是会被逐年更改的。看上去单调简单，实则背后煞费苦心。虽然穿 LBD 永不过时，但为了紧跟时代步伐，还是应该每个季节更新一次。

★ 至少试穿两三次

正式穿着之前需试穿几次,这就如同大戏前的彩排。不提前试几次,自己肯定会像初来乍到的猫咪一样惴惴不安。提前了解穿着感受,试试胳膊是否能够自由地上下活动,最后确认一下是否适合久站或久坐。

试穿给朋友或家人看,享受她们的赞美——太适合你了!

客观视角非常重要。找一个可以毫无顾忌地为我们提意见的亲朋好友,如果能获得她们的认可,就会瞬间自信满满。甚至从将手伸进衣袖的那一刻起就会心情雀跃。

娜丁·德·罗斯柴尔德男爵夫人穿梭于审美严格的巴黎社交界,从舞者、情人到贵妇,她都能游刃有余地与之交往。她留下了一句经典名言:

"事后越是让你印象深刻的人,你越不记得他当时穿的是什么衣服。"

想来确实如此。

每年都要更新的"7大基础单品"

　　虽说优雅风永远保鲜，但是衣服并非伴随我们一生的东西。无论多么高端的品牌，我们也不可能连续10年不换。这是因为我们每个人都不可避免地被裹挟进时尚的大潮中，对衣服也不可能永远保持同样的新鲜感。

　　优雅风格也存在最佳时期。

　　因此，我总结了一些我们每年都需要更新的单品。请注意，这些确实可以算作是一种高回报率的投资。

白衬衫

　　休闲、工作两相宜的白衬衫，超越了潮流和年龄的界限，可以说是投资回报率最高的单品。这里所说的白衬衫，是指上身效果极好的定制级别"正装"衬衫。一件精品衬衫，无论是肩部、背部还是袖子，所有部分都能与皮肤保持一张纸的空隙。只有这样的衬衫才能打

造出空气感，并始终保持平整无褶皱，更不会显得松松
垮垮。

此外，白衬衫还有反光板的效果，可以缓解眼部疲
劳，将我们厌倦了褶皱和暗沉的心情——过了 30 岁之
后，很多人都会有这样的感受，一扫而光。

无论是谁，只要穿上白衬衫，瞬间就能焕发自信。
崭新的白衬衫真的很美。所以我们每年都要买一件品质
上乘的白衬衫。

西装外套

衣领的形状、宽度以及肩宽决定了西装外套的成
败。前一阵子，市面上开始出现了衣长较长的双排扣
西装。个子矮的人很难驾驭这类型的外套，所以我不
建议将其作为经典"制服"轮换着穿。最近比较流行
的正装外套仍然是收身外套，袖长一般不超过手腕处
的淋巴结。虽然这种外套也可以在套装中穿，但是现
在这种穿法已经很少见了。因此，我推荐大家用简洁

风连衣裙搭配无领外套，以套装形式穿着。

连衣裙

不知道如何穿搭时，最稳妥的就是简洁风的高档LBD 或者蓝色连衣裙，入手多少条都不嫌多。如果觉得黑色不适合自己，那不妨试试蓝色。日本人似乎十分钟爱蓝色。连衣裙搭配针织开衫或者披肩仿佛是全世界的标准穿搭，可以确保万无一失。而且只要决定好穿哪条裙子，整体穿搭就基本确定下来了，即使不善穿搭也无须担心。

裤子 / 半身裙

我们要提前确定适合自己的"款式与衣长"，这样才能让半身裙、裤子变成日常的基础穿搭。

说到裤子，街头运动裤是必不可少的。但即便是街头风，也要根据具体情况而调整，应先确定合适自己的尺寸，再进行适当的加工。为方便起见，每年我们都需要准备至少一条黑色或白色的裤子，作为可以放心穿的单品之一。半身裙包括紧身裙和荷叶裙等款式，要确认好最适合自己的款式及裙长。随着年龄的增长，体型和骨骼以及身形都会发生变化，所以适合的裙子并非年年相同。一定要在购买前先进行试穿，并每年严格按照自己的情况更新衣橱中的衣服。

针织衫

如果想买一件适合常年穿着的基础款针织衫，那选择标准应该是薄款美利奴羊毛针织衫或者开司米针织衫。颜色可以选择褐色、黑色、米色、淡粉色等百搭基础色，但要先确认好最适合自己衣橱内衣服的颜色。

此外，我们要为自己添一件每一两年就会流行一次的强设计感针织衫。

当季流行款针织衫一般是会在肩部线条、腰身宽度、衣长上进行改变。选择这种针织衫时，设计感比材质更重要。

牛仔裤

　　如今的牛仔裤大多数是高腰牛仔裤。个子矮小的人很难驾驭阔腿牛仔裤，可以选择街头风或者紧身款牛仔裤。若要挑战很难与自己身材比例相协调的阔腿牛仔裤，那就定要搭配一双高跟鞋。平底靴则应搭配瘦腿牛仔裤。在挑选自己的专属牛仔裤时，要先站在全身镜前，仔细对比、确认裤子的上身效果，确定后便可将其视为万能裤，怎么穿都绝不会出错。

休闲外套

　　在日本时，我基本每年有一半的时间都穿着休闲外套。休闲外套占据了我们全身穿着的"半壁江山"，所以至少每年都要更新一次，不管是厚外套、春秋款薄外套还是皮夹克。此外，一定不要忘了先试穿，以确认最佳的衣长与袖长。

自我"安慰剂效应"如同神奇的魔法

"时尚让大家变得敏感而不自信。"

著名杂志《VOGUE》的美国版主编安娜·温图尔曾如是说道。

确实如此!

美貌倾城的女明星,却总是为日常的穿搭而苦恼。离开了造型师,某些专业模特甚至因为无法选择宴会礼服而萌生了放弃出席活动的想法。日常新闻中诸如此类的报道不绝于耳。

这些人纵然天生丽质,可一旦面对需要彰显品位与流行等特质的场合,就会顿时自信全无。

知名日化品牌多芬的全球调查报告结果也显示,全球女性中,仅有4%的人对自己的美貌信心十足。换言之,剩下96%的女性都对自己的容貌缺乏自信。

是的，对外表过于敏感而不自信的不仅只有我们自己。

此时我们需要用到的就是"安慰剂效应"。

"安慰剂"一词在拉丁语中为"I shall please"，本义是"我将得到安慰"，来源于《圣经》。此后经过演变，现通常指那些能给病人精神慰藉但没有实际药效的药物。

现实中"安慰剂"确实拥有十分神奇的效果。一位德高望重的医生将仅用面粉制成的假胶囊交给病人，并告诉他这是特效药，而这些"特效药"竟然也真能发挥奇效，这在检查报告中也得到了证实。

此外，还有另外一项类似的试验也证实了"安慰剂"的奇效。

安·卡尼·库克（Ann Kearney Cooke）博士与哥伦比亚大学共同致力于女性研究30余年，近日她研发出了一款神奇的美丽贴。这种美丽贴，只需轻轻贴在手腕上，两周后就能亲眼见证自己的美丽蜕变。不仅如此，使用者甚至还能感到好运也源源不断地降临在自己身上。

然而令人意想不到的是，美丽贴只不过是一个非常普通的腕带，就和最近十分流行的止晕贴，给予癌症病人极大心理安慰的止痛贴毫无二致。

在神奇的美丽贴疗法中，使用者将在自己的手腕内侧贴上美丽贴，每 24 小时更换一次。两周后，几乎所有接受测试的人都对自己的改变惊叹不已。然而事实上，这仅仅是种"安慰剂"而已。换言之，都是些没有添加任何药物的贴布而已。

在打扮方面，我们也应好好利用这一惊人效果，从身边的首饰、包包、香水、内衣以及雨伞等着手，打造属于自己的"时尚安慰剂单品"。

对于在意别人眼光的人来说，我们首推的是内衣或者能一直佩戴且时尚大方的耳环、戒指、项链等小饰品，这样不会让自己显得过于引人注目。

我们在每天贴身佩戴这些小物品时，心情也为之雀跃起来。除此之外，一见钟情之物，赏心悦目之物，发自肺腑渴求之物，等等，都是绝佳的"安慰剂"。

内衣即便有特别钟爱的，也不可能每天都穿同一件，所以最好是多买几件备用。

此外，经常被人问起"这是在哪里买的"，以及多次受人夸赞的小物品也能让我们自信倍增。所以，不妨慢慢添置属于自己的"安慰剂单品"吧。

让自己信心百倍的"安慰剂单品"，数量越多，效果也会越好。

挑选适合体型的 "制服" 的
小窍门

每个人可能都有这样的想法：若我能拥有模特般的完美身高、体重、颈肩线条、腿部及身材比例，那么一定不会为穿衣感到困扰。

但是，作为一名曾经接触过很多模特的时尚杂志主编，请允许我在此分享一下自己的经验之谈。即便是一眼看上去完美无缺的模特，其实或多或少都有一些身材缺陷。因此，也存在着适合她们与不适合她们的衣服。

在预约摄影模特时，我们要事先决定每一位模特所对应的服装类型，这时就不得不考虑到她们体型方面的优点和缺点了。我们的决定也会直接影响到穿着效果及版面形象。

但我有这样一位朋友，她身高不过 156cm，而且绝非瘦小型的身材，却依旧可以轻松驾驭时尚、干练型服装，这让人不得不感到惊讶。她非常了解自己的优势及弱点，可以瞬间判断出自己可以驾驭以及要坚决避免的服装风格。她在服装搭配方面驾轻就熟，可以巧妙利用服装展示自己最迷人的一面。对于她来说，服装就是一种修饰体型缺陷的工具。

最重要的是，从今天起彻底抛弃遮遮掩掩的思想。

个子较高的女性往往有些驼背，认为自己腿粗的女性则只穿长裙，这样的穿衣方式绝对不是提升个人魅力的根本解决之道。

从今天起，关注自己的优势，努力让自己更加魅力四射吧。

小个子女生

选择拉伸纵向线条的衣服。尽量避免腰部有拼接设计，或是上、下身颜色差异较大的衣服，也要尽量避免束腰带，因为这样会截断费尽心思凸显出来的纵向线条。贴合身体线条且材质简单的连衣裙是她们的最佳选择。

此外，高跟鞋可以增加我们的身高。特别是露出脚背、设计简洁的米黄色浅口高跟鞋，不只是鞋跟部分可以增高，露出的脚背部分在视觉上也可以拉长身高，让我们的双腿看起来更加修长。但是如果不能优雅迈步，还是要尽量避免鞋跟过高的鞋子。束起头发，扎个简单的丸子头便可以轻松打造小脸效果，也会相应地拉长身高。

高个子女生

个子高的女生在穿衣方面有着巨大的优势。即便如此，如果认为自己个子太高，那不妨束起宽腰带，选择腰部有拼接设计，或上、下身颜色差异较大的衣服。此外，精致可爱的低跟鞋简直就是专为高个子女生而生的。

微胖女生

微胖女生要尽量避免大花纹以及厚重粗线质地的衣服。从颜色来说，黑色以及海军蓝会给人以清新感。切忌穿着尺码较小、包裹身体的衣服。横条纹的衣服反而会让我们的体型看起来更加匀称，而那些试图完美掩盖缺点、宽松肥大的衣服反而更加显胖。腰部、胸部、小腿部位虽然给人以女性特有的圆润感，但是千万不要试图将它们隐藏起来。喇叭裙是我们衣橱里必不可少的单品。

穿正装时，可将头发扎起来，选择垂感较好的耳环或耳坠，如此可拉伸纵向线条，同时掩饰脖子较短这一弱点。长裙应选择最为简洁的设计式样。

为了不让较大的臀部过于吸引视线，可选择披肩加长裙的搭配方式。

除了私人聚会之外，尽量不要穿弹力迷你裙或紧身裤。

苗条女生

大多数现代服装仿佛是为苗条女生而生的，她们无论穿什么衣服，都仿佛是量身定做一般，令人羡慕至极。只有一点需要注意：领口较大的衣服可能会让苗条的女性看起来更加瘦弱。而穿短裤、紧身牛仔裤、迷你裙好像也是苗条女生的特权。

正常体型的女生

　　每个人都是既有优点，也有缺点，但仍然有很多人执着于掩盖自身缺陷。比如有人想隐藏腰部赘肉，便总是选择深色服装。有人想隐藏腿部赘肉，便总是选择中长裙。我们需要做的是专注于自己的优点，想方设法让使自己变得更有魅力，这样才能打造出魅力四射的穿搭。

50 岁以上的女性

　　即便皱纹爬上我们的面庞，皮肤变得松弛，衣服上也绝对不能出现褶皱，更不能在穿搭上放任自流。因为衣服占据了我们身体的大部分面积，只要衣服平整，就能给人留下整洁的印象，也可以让我们看起来更加年轻。

　　另外，由于这时的头发已失去年轻时的光泽，所以我们要尽量避免慵懒的束发。两鬓的碎发也会给人以沧桑感。如果想要穿迷你裙，则需选择如量身定做般合体的款式，同时搭配长裤或打底裤。

第 **4** 章

瞬间提升你的品位——高收益美学课程

最后一刻前都不问"价格"，训练对商品价值的敏感度

安静地躺在 5 号街宝石店橱窗里的戒指，看到它时，我们可以一下子想象出它的价格吗？还是我们只顾沉迷于它的美丽？

一流品牌或者是高端店铺里，商品的价签总是被巧妙地隐藏起来。如果是服装店，进店前一般无法看到衣服的价格，有时候我们太想知道价格的话，会直接问店员。

这样是为了让顾客不为价格所困，将目光锁定于商品的价值。越是对商品品质有自信的高端店铺，越不会堂而皇之地摆出价签。相反，如果先让我们看价格，那不论质量如何，这肯定是打算便宜出售的商品。

我做时尚杂志主编时，也兼做造型师业务。我会经常去塞满衣服的服装仓库，仿佛探宝一般从众多衣服中挑选并租借摄影要用的服装，而仓库、展室里的衣服原本就不会有价签。

　　我所做的工作就是在没有价格的前提下挑选衣服，选择完成之后再确认衣服的价格。最后看到价格时，我会与自己预先做出的评估进行比较，"啊，这件衣服太贵了！""那件衣服物有所值"。

　　我从这种训练中获益匪浅。平常为自己买衣服时，一定会在最后一刻看价格，感觉物有所值时才会购买，如果感觉价格高出预期便直接放弃。有趣的是，大多数衣服在确认价格之前就会被我果断舍弃。

　　如今由于工作关系，我仍然经常购买衣服，我也仍然秉承着同样的原则。先不看价格，只关注于一个方面。如果有喜欢的衣服，再询问价格。

　　因此，我总是选择自认为物有所值的衣服。

　　但是我现在就职的公司只进行线上销售，在网页上选购时，我们会第一时间看到价格。可是在实体店购买衣服时，我们还是要尽量避免先看价格，只选择那些我们认为物超所值的衣服。如此，我们便可以自信满满地说，我只选择与我的购买力相符且"物有所值"的衣服。

试想一下，价格原本就是制造商随意制定的，并没有一个世界通用的标准。所以我们不应该被价格所惑，而应自主判断商品的价值。如果可以自行判断价值，就能在能力承受范围内，买到更有价值的衣服。而且无论我们所购商品是否便宜，都可以减少购买失误的次数。

让时尚单品成为你的名片，并给人以深刻印象

在纽约，人们很少分发名片。

那么，他们初次见面时会怎么做呢？其实，很多人在面对陌生人时，往往会在无意中通过让人印象深刻的个性化物品来影响别人对自己的看法。

或是帽子，或是颜色鲜艳的口红，或是富有个性的发型。

我们需要时常凸显出自己的个性，这会成为自己的标志，下次与别人见面时，别人马上就会想起：

"啊，就是那个总是戴帽子的人吧。"

"是那个戴着漂亮戒指的人吧。"

如果是一位男士，"就是那个戴蝴蝶领结的人"，或是"是那个经常穿粉色 T 恤的人吧"。

此外，要注意维持自己的风格。当然一开始我们可能不会被所有人认可，会有人在背后对我们指指点点，也会有失败的经历。即便如此，我们也要先确定是否准备坚持这个方向，我到底有多喜欢这个"能充当名片的自我特色"呢？最终用不用这种让人印象深刻的方法，关键在于我们是否愿意升华自己的个性。

想要成功晋升为高手，就千万不要穿着过于引人注目的衣服。云淡风轻地运用能衬托出个人特色的物件，这才是成功之道。

将自认为能显示自我个性的代表性单品纳入自己的衣橱吧。

将那些让我们心跳加速的小物件作为护身符，随身携带。升华个性是让我们更加享受穿搭、心情愉悦的开端。

可可·香奈儿（Coco Chanel）女士在其他女性还以穿着束腰内衣为美的时代，就已经敢于颠覆审美，让周围所有人都大吃一惊。她拒绝束腰内衣，以简洁自由的服装打造自己的风格。

在巴黎郊外的避暑胜地多维尔，香奈儿女士身着男性友人的厚重毛衣，刻意选用仿造珍珠来制造出昂贵的珍珠项链的效果，受到了众多女性的追捧。

她的情人都是上流社会的男士，然而身处那个时代的她却选择终生未婚。这或许是因为她有着强大的内心，对所有的批判置若罔闻。

如果以"独有风格"打造个人名片的行为对你不太适用，或是你仍然对自己缺乏信心，那么就先从尝试一款特别的单品开始吧。

比如经常佩戴自己喜欢的同一个手镯或戒指，或者每天使用自己喜欢的香水。

尤其是如果身边有一个吹毛求疵的人，那我们可以先从一个不起眼且不昂贵的小物件开始，进而对自己的"风格"进行微调和更新，让自己的风格趋于明显、稳定。所以，首先选择自己喜欢的单品，并不断地进行尝试吧！

METHOD

为衣橱里的衣服施加魔法只需
三分钟

从外观上来说，衣服是我们的另一层"皮肤"。

衣服覆盖了我们身体的大部分，所以其质感与肤质一样，可以从外观上给人以强烈的冲击感。由此，只需迈出"衣物除皱"一小步，外观上就会有天壤之别。

踏入高级专卖店时，不知道是不是心理作用，总感觉挂在衣架上的衣服柔软而蓬松，甚至可以感受到隐藏于衣服质地中的冷峻之美。

另外，你身边是否有这样的人——他们尽管身穿名牌衣服，却看不出丝毫的高级感？

收纳衣物时，衣服很容易因为受挤压而产生褶皱，无论多么高档的衣服，一旦失去蓬松感，其魅力就会瞬间减半。如同我们的皮肤出现皱纹、雀斑，变得松弛，美丽值便会大打折扣一般。

雪纺、欧根纱、丝绸等材质的衣物自不必说，哪怕是休闲 T 恤或者针织衫、亚麻衬衫等普通衣物，也都会因为收纳时受到挤压而产生褶皱。此时，我们只需进行三分钟的蒸汽熨烫，衣物就可以轻松变身，焕发如新品般的光彩。效果之好，令人惊叹。

　　因此，蒸汽熨烫机可以说是家庭必备品，专业人士更是人手一台。

　　如今市面上的蒸汽熨烫机虽只有吹风机大小，但功能十分强大。不仅日常生活中可以使用，就连出差、旅行都可以随身携带。

　　一流专卖店中陈列的衣物之所以看起来柔软蓬松，让人看一眼便感到幸福满满，不仅是因为使用了上乘的面料，更是因为在摆放之前就已经经过了蒸汽熨烫，没有任何褶皱，从而焕发出了材质原本的光彩。

　　相反，打折卖场中堆积如山的衣服，尽管不乏高端品牌，但总是皱皱巴巴，不禁产生一种廉价感。衣服是否有褶皱、是否被珍视，一眼便见分晓，差别之大不言而喻。

休闲装和打折品尤其需要蒸汽熨烫平整并整齐挂好。如果只是将它们满满当当地堆积在店内，看起来又和垃圾有什么差别呢？

但是，只要把这些衣服带回家，并让它们经受蒸汽熨烫的洗礼，便会瞬间令人觉得"幸福感"满溢。相反，不管是多么高档的衣服，如果不认真护理，它们带给我们的"幸福感"也会逐步减少。

如果我们已经到了不得不关注自己面部皱纹的年龄，那么衣服上就绝对不能出现褶皱了。

因为衣服占据了我们身体的大部分面积，所以对我们有着巨大影响。而我们对待衣服的态度及处理方式也会让我们的衣服产生天壤之别。

时尚达人必备的两面全身镜是
我们变美的捷径

如果家里还没有全身镜，那就请不要犹豫，立即购买吧。没有比它更立竿见影的投资了！如果再奢侈一点，我们还需要一面移动式全身镜。这面全身镜可以让我们轻松照出自己的背部及侧面，以便我们全方位检查确认每天的穿搭。

前些日子，我久违地穿上一件露背连衣裙，然后试着用镜子照了一下背部，不禁倒吸一口凉气。不知道背部从什么时候起竟出现了许多小斑点。但是我马上要出门了，于是迅速放弃了那件衣服。这多亏了我有两面全身镜。

我们习惯从前方观察自己。但是如果不拍照片或者视频，我们就无法从侧面及背后认识自己。当我们看到从背后拍摄的视频时，经常会因为自己的臀部线条而心灰意冷，或者惊讶地发现，自己的体态从侧面观察竟然如此地不优雅。若能养成随时从侧面、斜面、背后检查自己的习惯，那么我们的体态也会有很大的改观。

穿搭是否漂亮，不是由身高或者胖瘦决定的，全靠一分协调性，两分体态，五分背后、侧面所呈现的协调性及体态构成。一言以蔽之，时尚是由协调性和体态决定的。

衣着考究的人都有一个特点，即全身协调，体态优美。只要全身协调，即便身高不足或是稍显圆润，也能轻松驾驭各种穿搭。

没有全身镜的人一定要尽快购买。十几岁的小姑娘也应尽早入手，请一起在房间里放上我们的专属全身镜吧！

只要和镜子成为好朋友，便无须再苦苦探寻时尚之道，只需每天用全身镜检查自己的仪容就可以了。那些感性、聪明，又真心地想要变美的女性，一定可以无师自通，很快发现"变美的诀窍"。

当我们购入新衣服后，不仅要观察衣长、袖长，还要配上合适的鞋子，仔细确认肩宽、裤宽、裙长这些细节是否与鞋跟高度相协调。

而且我们应该将其他单品或项链戴在身上，利用两面全身镜，从前面、后面及侧面进行研究对比，什么款式的裙子或者什么样的裙长与多高的鞋跟相搭配可以让自己看起来更美，或者什么样的裤宽、裤形或者裤长与什么样的鞋最为匹配。

我首推的全身镜是经常出现在专卖店里的，能让我们看起来稍微纤瘦一些的"自恋镜"。因为如果你无法享受照镜子的乐趣，那一切诀窍将变得毫无意义。如果对自己要求过于苛刻，自我认同感会变得越来越低。

我们可以每天哄哄自己，这会让自己变得越来越自信，也会越来越享受穿搭带来的乐趣。此外，我们可以站在全身镜前练习最美笑脸，也可以研究更加优美的站姿。

享受其中可以让我们情绪高涨，笑容也会因此变得更加灿烂。

如此，我们获得他人称赞的机会也相应增加，变得对自己更加有信心，人生也会因此而实现螺旋形上升。

只需养成经常使用全身镜观察自己的习惯，就可以无限接近目标。全身镜的魔力不容小觑，养成这一习惯刻不容缓。请在出门前穿好鞋子，站在全身镜前确认自己的穿搭是否协调吧。

时尚女王的挚爱——米色凉鞋

　　安娜·温图尔身为世界上首屈一指的时尚杂志主编，是叱咤时尚界的风云人物，她立于风靡全球的《VOGUE》杂志的顶端，牵引着世界时尚潮流。她也是著名电影《穿普拉达的女王》的原型，现任全球知名杂志 VOGUE 美国版的主编。

　　令人意外的是，这位全身心沉浸于世界级时尚的女性，竟是一位十分保守之人。也就是说，她的身上完全看不到任何时尚狂人的影子。

　　特别是她的脚上，无论出席何种场合，都穿着一双细带米色凉鞋，甚至可以说她用这款凉鞋搭配了所有类型的服装。

　　这款凉鞋本是莫罗·伯拉尼克于 1994 年设计的一款叫作"玛丽亚·卡拉斯"的鞋子。在过去的 20 年间，安娜·温图尔都是采用了私人定制的方式购买这款鞋子。现在安娜·温图尔钟爱的这款鞋子被莫罗·伯拉尼克称为"AW"。

安娜·温图尔可以驾驭一切品牌的衣服，却唯有双脚始终如一，常年穿着这款毫无特色可言的米色凉鞋，从不"三心二意"。她在莫罗·伯拉尼克的传记影片《鞋履之王：莫罗·伯拉尼克》中也曾公开表示：

"我不会再穿莫罗以外其他品牌的鞋子，我连看都不会看一眼。"

尽管她熟悉的鞋子品牌不计其数，但却对莫罗如此执着，那我们就绝不能对这个品牌视若无睹了。

我试着分析了一下：

① 莫罗·伯拉尼克的鞋子虽然带有高跟，但穿着舒适，而且凉鞋款式可以让足部更加放松。

② 米色为百搭色，无论身着何种颜色与花纹的衣服，都可以轻松搭配。

③ 米色与肤色相近，再加上露脚背的设计以及一定的鞋跟高度，会让我们的双腿看起来更加修长。

万万没想到时尚女王的挚爱竟是一双珍品凉鞋。虽然我们可能很快就厌倦了这一款式，但是像安娜一样始终穿着米色凉鞋，使其成为自己的标志性单品，也未尝不是一件好事。

探寻自我穿搭上的"黄金衣长"

女儿有很多身高 156cm 左右的女性朋友。我最亲密的挚友也是 156cm 左右的身高。但是她们有一个共通点，就是在穿搭方面品位极佳，甚至到了让人吃惊的地步。

我之前做时尚杂志编辑时，那些从读者中选出来作为模特和我一起工作的美女们，大部分身高不足 160cm。但是她们却有着超群的时尚触感。

实际上这些女生们在我们不易察觉的穿搭细节上有着自己的原则，而且她们所秉承的原则中有一个共同点。

那就是，对衣服的长度有着严格的要求，甚至能精确到 1 厘米。

她们总是站在全身镜前穿上搭配好的鞋子，找出短裤、短裙，仔细确认适合自己的"黄金衣长"。这一衣长由鞋跟高度决定。

而且她们从不惧怕露出膝盖。身高较矮的这些女生，她们各自的"黄金衣长"虽然有数毫米的差距，但大多数都是位于膝盖以上。

无论中长裙有多么流行，只要她们认为这些款式将影响自身协调性，就一定不会购买。此外，如果她们看到自己难以驾驭的短裤或者牛仔裤，也绝不会出手。

想要找到适合自己的"黄金衣长"，短裤和短裙的线条就显得尤为重要。不仅长度要合适，而且短裤的宽度、短裙的臀部设计都要调整到最适合自己的尺寸。

不要害怕麻烦，我们需要用曲别针，一厘米一厘米地调整衣长，不断进行尝试，直到达到全身协调为止。

以下是她们传授给我的奥秘。

★身上的赘肉欲盖弥彰。

★勇敢露出双腿，整体看起来更清爽。

★如果下半身选择宽松款式（阔腿裤、喇叭裤或者百褶裙等长款裙子），上半身就要选取贴身的短款衣服，然后再挑选合适的衣长。

★ 鞋跟高度及露出的脚背可以拉长我们的腿部线条。但是鞋跟过高反而会破坏全身的协调性，所以要尽量避免。

让我们一起利用衣柜里的短裙、连衣裙、裤子来发现适合我们自己的"黄金衣长"吧。如此，我们全身会看起来更加协调，衣服的穿着效果也将发生翻天覆地的变化。

让世界为之倾倒的日本女性也需继续"雕琢"行为举止

回到日本后，我曾去过一家只提供外带服务的快餐店。点单的服务员是一位 20 岁左右的女性，她弯腰拾起掉落到柜台下的东西时，举手投足间让我心头一动。

这是我在纽约从未见过的美妙瞬间。

她那干净利落的动作宛如一位身着和服的女子，双膝轻靠，面朝掉落之物俯身屈膝 45°。

虽然只是一件微不足道的小事，但她那与快餐店的氛围格格不入的优雅举止和美丽的年轻面容，却给我留下了深刻印象。

弯腰时放低身体重心，双膝并拢，朝物体呈 45°角弯曲，这是日本女性的习惯性动作。然而美国人拾起物品时，大多保持身体重心不变直接伸手触地，有时甚至两膝大张，毫无美感可言。

还有一点，无论是名片还是其他物品，日本人都习惯以双手交接，这种下意识的细节能令人赞叹不已。具备这种品质的日本人不在少数。

然而再看看现在的自己，适应了纽约的生活后，我的行为也逐渐变得不拘小节。啊，这样下去绝对不行。日本女性举止之典雅，在全世界都是很有名的。

最后容我特提一句，从事国际贸易的商务人士在与日本人接洽时，务必用双手递上名片。如果举止得当，很快就能取得对方的认可。

而且稍加注意就能发现，美国政界中，经常发表讲话的精英人士站立时都习惯将双手交叠放于身前。在小布什当政的时代，身材魁梧的前财务部长——保尔森在面对总统时也是如此，借站姿表达自己的尊敬之意。

由此可见，良好的行为举止在全世界范围内都是颇受欢迎的。想成为一名优雅迷人的女性，就要继续"雕琢"自己的行为举止。

弯腰时双膝并拢、用双手接物递物、动作轻缓有序，请将这三点谨记于心。

此外，走路时注意挺胸收腹、伸直膝盖，如果能掌握以上几点，你必将成为非常有气质的人。

告别让你远离美丽的尺码神话

　　纽约人大多身材丰满，很多人喜欢将自己的身体勉强塞进小一码的服装里。如此一来，不仅破坏了服装的样式，被文胸和短裤紧勒出的层层赘肉也无所遁形。

　　不少人都买过小一码的服装吧！是不是对此感到无比满意呢。然而事实上，尺码过小的衣服只会暴露身形的缺点。

　　最后，小码服装不仅没有带来瘦身的效果，还突显了大号身材硬穿小码服装的尴尬事实。女性总是为自己能穿下小码服装感到欢欣雀跃，对此我深有感触。有些服装品牌利用女性的这种心理，故意将服装做大，标签为 S 码的衣服实际却是 M 码的大小。

　　尺码和价格都是由品牌商或厂商自行决定的。与其为了尺码大小或喜或悲，不如选择适合自己身材的服装，如此更能体现曲线之美。

　　切莫勉强身体去迎合服装，应当以自我为中心，主动选择合身的衣服。尺寸不合适的部分可以稍加修改。

今年夏天女儿在某公司实习了 10 周，该公司中男性职员数量较多，且要求员工衣着端庄大方，因此我们十分注意服装的选择。然而问题在于，要买到一条长度及膝的黑色铅笔裙，或是款式简单保守、做工精良的连衣裙并不容易，而且迟迟找不到合适的尺码。

所以我们网购了大一码的裙子，打算买回来自行修改。结果连衣裙和半身裙虽然都是特价商品，购入价格竟还不及服装的修改费高。

好在将宽松的部分加以修改后，服装的上身效果相当理想，做工也十分精细。服装和肌肤之间留有一丝多余的空隙，不仅方便穿脱，也能提高舒适度和心情，即便在公司长时间穿着也不会带来任何不适感。

过于紧身的衣服会让人束手束脚，甚至有开线的危险。长时间穿着这样的衣服会让人深感不适。

当布料柔软的服装完美勾勒出窈窕曲线时，女性将显得无比动人。换言之，精工裁剪、面料上乘的服装能够提升整个人的气质。

　　别担心，暂且将减重塑形抛之脑后。目前的首要任务是选择大气美观的服装，形体的训练需要长期坚持。

与其购买两件，不如拥有一件
私人"定制"的衣服

有的人即便只穿便宜的快时尚服装也能让人由衷感叹"哇，好看！""真漂亮！"。不过，也的确是她们赋予了服装惊艳众人的效果。要想像她们一样美丽，精湛的穿衣技巧必不可少。

能够将快时尚的服装穿出品位的人必定有过失败的服装搭配经历，是那份在一次次试错中积累的经验成就了今日的美丽。深入分析她们的穿衣打扮就会发现，她们的手包和鞋子一定是奢侈品牌，珠宝或是本身就价值昂贵，或是可用来搭配其他价值昂贵的服饰。

此外，她们本人无论是高是矮，身材比例都非常好，并且从不懈怠对美丽的追求。

然而这一类的女生通常只是少数，对于绝大多数外形条件和穿衣技巧没有这么出色的女生来说，一件如同私人"订制"般的合身的衣服胜过两件价格低廉的服装。

进而言之，仔细熨烫过的 T 恤自然会平整许多，但要论修身度，不得不说还是修改过衣长、衣宽的 T 恤更胜一筹。

　　那些与你不太契合但却价格低廉的衣服，有时服装的修改费甚至高于它的购入价格。并且，相比两件不合体的衣服，一件价格虽贵却犹如量身定制的衣裳无疑会提高我们被夸赞的次数。受夸奖的次数多了，这份夸赞就会慢慢地转化为自信回馈我们。

　　裁缝店在纽约的大街小巷随处可见。我想大声告诉所有人，真正的时尚达人都非常注重服装的修改和保养。

人前的服饰禁忌有哪些

再华丽的服装，一旦穿错场合也会适得其反。比如在众人面前演讲时，暗淡的皮肤在素色黑裙的反衬下会显得毫无光泽，因此很多人会选择花样精致的连衣裙或是色彩鲜艳的服装，让自己心情愉悦、情绪高涨。然而，在工作或商务场合发表意见或进行提案展示时，应尽量避免颜色冲击力强、带有花样的服装，特别是在为大多数人所陌生的场合。换言之，在他人对自己有一个清晰印象之前，都要尽力避免这种搭配。

如果身穿带有花样的服饰，无论花样是否投其所好，都可能让听众产生瞬间的分神。

在这种情况下，选择我在前文曾提过的"展示内在的低调服装"，能让听众避免分心，始终专注于演讲的内容。

展示内在的低调服装，换言之就是难以给人留下印象的服装。

要想听众在事后能对对话和演讲的内容留有印象，

最好选择颜色素净、款式简单、不显廉价且剪裁合体的衣服。在纽约以黑色、驼色、灰色为宜，日本则选择黑色、藏青色较为妥当。

此外，如果十分介意肤色暗沉，那我推荐高档白衬衫和灰色或黑色的短裙、西裤的搭配。白色能起到反光板的效果，有助于提亮肤色，而且皱纹和皮肤暗沉等问题都会随着光的反射消失殆尽。

只有在姐妹淘的聚会、家族聚餐、约会（前提是服装得到伴侣认可）等周围都是熟人的情况下，带有花色的服饰才能发挥增光添色的作用。

因此，我们对服装的需求也会根据TPO^①发生变化。

在男性较多、要求员工衣着端庄大方的公司里，必须要选择朴素的服装，而且胸部、膝盖、手腕等部位只能露出一处，然而如果在约会时这样穿就未免有些扫兴了。

若对方喜欢风格大胆的性感服饰，最好换装后再去赴约。

---

① TPO 是有关服饰礼仪的基本原则之一。TPO 原则，即着装要考虑到时间"Time"、地点"Place"、场合"Occassion"。

第 **5** 章

保持怦然心动，人生转型期形象即刻焕然一新

助你人生转型成功的"7个怦然心动"建议

曾几何时，突然发觉昨日的衣服已经不合身，一直交往的朋友不知为何也渐行渐远。而且，看着镜子中的自己总觉得有些别扭，这就到了改变"形象"，进入人生新篇章，从而获得更大幸福的绝佳时机了。

突然，这个时机降临了。在随着年龄增长而改变的荷尔蒙分泌以及人生阶段转变的影响下，现在的衣服、穿着打扮、妆容、发型等，都开始显得格格不入了，越是努力却越是无能为力。与朋友交往方面也是如此，彼此渐行渐远。

而"过来人"都会提醒我们要小心，这是厄年 [①] 到了。也就是说只要稍加注意，就可能因此迈入人生的新篇章。只要能顺利度过这一时期，就会在下一个人生阶段获得更多幸福。

[①] "厄年"即人生中不安定，容易出现灾祸的年份。日本人普遍认为，男性25岁、42岁和61岁时，女性19岁、33岁和37岁时是"厄年"。

面对这一时期不知所措时，不妨先尝试一下让人怦然心动的 7 个建议。

① 买真正喜欢的东西

日常生活中，我们应该都有过类似的经历，一些东西并不是买不起，但却总是莫名其妙地告诫自己不能买。这时，我们往往会觉得那些东西太奢侈或者并不适合自己。但是，这里我想说的是，如果有真正喜欢的东西就去买。因为如此想要某件物品就必定是经过深思熟虑的，那不妨就趁着兴致入手。买了之后也定会倍加爱惜，或许还会带来意想不到的精神力量。（注意只有房产才值得借钱或者贷款去买。）

② 尽情地捧腹大笑

大笑使人心情舒畅，而且这样的好心情还会持续很长一段时间。不可思议的是，大笑过后我们会发现自己一直以来的苦恼仿佛都能迎刃而解，根本不值得烦心。若能保持一日一笑便是再好不过了。可以每天都在"优兔"（You Tube）上找一些令人捧腹大笑的视频或者电影，并下载保存。

③享受一个人的自由时光

一直为了父母、孩子、另一半以及工作而忙于奔波，我们是否在不知不觉中已经遗失自我了呢？好在为时不晚，我们应该学会拥有仅属于自己的独享时光。不妨去看一次期盼已久的当季热播剧，去餐厅享受一顿美味大餐，来一次单独的近郊一日游，或者是和朋友策划一场说走就走的国外旅行，等等。

④对着信赖之人痛快地倾诉一次

将所有情绪积压在心里，这确实对身心都是有百害而无一益的。不说坏话，或是不去抱怨，这纵然会让我们看起来很端庄体面，但偶尔放纵一次，说些泄气的话也是很有必要的，于身心健康大有裨益。

在人生转型期，也需要偶尔一次放纵自己，偶尔一次破坏形象。丢掉那些冠冕堂皇的"漂亮话"，真诚地面对自己的内心。向朋友、父母、工作伙伴，以及信赖之人发一些牢骚，然后潇洒地告别这些烦心事，并能轻松释然地将这些事当作笑话讲时，就堪称真正的成熟女性了。

⑤向专业化妆师学习当季的化妆方法

意识到今天的自己较昔日有所不同，这就是进入转型期的一种标志。

借用电视剧里的台词来说，这就是进入了人生的新篇章。既然如此，那就在这个阶段里跟随专业的化妆师学习适合自己的化妆方法吧。

其实，无论是画眉或是肌肤护理的方法，都在悄无声息地发生改变，不断趋于优化。而肤质、骨骼、肌肉的状态以及容颜也处于不断的变化过程中。所以让专业人士来传授如何打造新状态下更适合自己的神奇化妆法，绝对是一个明智之选！

⑥锻炼身体，积极健身

说起减肥，效果立竿见影的阶段只能持续到 40 岁前后。即使瘦身成功，肌肉也变得松弛，看起来有些弱不禁风。体型变差还会让外表看起来比实际年龄更加衰老。所以，比起减肥而言，锻炼身体才是更加重要之事。私人教练曾告诉我："任何年龄段的人都可以通过锻炼重塑身体。"那些坚持锻炼身体的人，可以无须倚靠，一直保持端庄的坐姿，还能把高跟靴子穿得优雅有致。更不可思议的是，进行身体锻炼后，衣服也会变得更加合身。

⑦ 放弃一直纠结并试图放弃的事情

比如一直吃又很想戒掉的甜品和零食，总会忍不住想看让自己生气之人的社交软件状态，总是习惯性拦下出租车，漫无目的地熬夜，以及过分地干涉孩子的生活，等等。首先，找出一件你一直纠结并试图放弃的事情，并果断地放弃它。

一次性做完以上内容，无疑是对自己施压，所以只需一件件尝试即可。突然进入一个毫无预兆的阶段，肯定会感到惶恐不安。回想我自己的生活，只身来到纽约以及生孩子的时候便是如此。那个时候我是真的吓得够呛。

但是我可以确信的是，正因为体会到了那种凌乱无序，惴惴不安，人生才会更加精彩，也会进入比想象中更美好的新篇章。

追二兔者，得三兔

不知为何，纽约有很多无论想要什么都唾手可得之人。比如，有的人刚刚创业就发现自己怀孕了。但是她们没有踌躇不前，更没有放弃自己的工作，而是在坚持自己事业的同时生了三四个孩子。无论是公司还是孩子都在茁壮成长。

相反，还有这样一类人。工作繁忙，甚至没有时间谈恋爱。生完孩子后，更无法做到兼顾家庭与工作。追二兔时，总是想着两全其美。因此每天忙忙碌碌，结果身心俱疲，最终只得中途放弃。正如谚语所言："追二兔者，不得一兔。"有很多人在挑战尚未开始前就断定自己肯定无法做到，尚未出发便急于踩下刹车。

然而在纽约，有人追二兔便得二兔，这些人仿佛都擅长某种魔法，不仅没有踩下刹车，反而加足了油门。

魔法就是——不要独自烦恼。学会与人分担，把事情放心交给别人，适当依赖别人。

也就是说，只要他们挥动魔法杖，便可以委托别人分担工作。

追二兔得二兔，甚至得三兔的前提条件是决定好优先事项，也就是说要确认好事情的优先顺序。此外，要抛弃自己的完美主义。

即便已经预先设想到事情可能不会完全按照自己的意愿发展，也要试着让他人一起分担。虽然独自完成可能会有更高的效率，但绕路而行，培养人才也是很有必要的。勇敢地跟自己打个赌，把事情放手交给别人吧。

时间面前，我们都是平等的，每天只有 24 小时。

超出自己能力范围的事情暂且不论，我们还需列出优先顺序，并试着把自己能做的事情也交给他人。

能将工作委托给他人者，定是一个极富耐心之人。他们把一项任务交给其他人的同时，自己也在有条不紊地做着非自己不可的工作。

而且在机遇之神与自己相遇时，能够牢牢抓住机会，实现质的飞跃。

正因他们深谙其道，才能让自己创立的公司得以壮大，家庭和谐美满，孩子健康成长。

追二兔得三兔者都有一个共同点，那就是擅于用人。

如果现在的自己依旧埋头工作，却又不想错过结婚生子的黄金时期，那就先结婚吧。换句话说，这段时期只需把 70% 的时间留给工作即可。

长远来看，这样才能两全其美。

并非放弃，而是假手于人。

先尝试购买奢侈品吧!

在你的人生中是否有过这样的时刻:想痛下决心,一咬牙一跺脚买下某件东西?

我这里说的并不是那些习惯了大手大脚,不假思索地购买奢侈品的人,而是那些经常为了孩子考虑,为了家人考虑,不知不觉间总把自己的需求放在最后一位的人。抑或是那些现阶段仍然单身,出于对未来的不安,始终不能下定决心为自己奢侈一次的人。

我希望她们能够下定决心,买下那些自己日思夜想、梦寐以求却一直忍耐着没有出手的东西。

我在 20 岁的时候,第一次果断买下了一件与自己身份并不相符的"奢侈品"。它就是我 20 岁那年第一次去欧洲旅行时一眼就看中的一款香奈儿的包。

为此,我专门利用大学的春假时间去商场打工赚钱。我至今仍然记得巴黎香奈儿专卖店里那位导购小姐的样子。哎呀,当时我真的是太开心了。

那个包现在依旧完好。不过前些年出现了些损坏，所以拿去修理过一次，但是当它回来时，我几乎认不出来了，那简直就如同一个全新的包。虽然现在使用的频率不高，但我仍会时常把它从衣橱里取出来，小心玩赏，视作珍宝。将来我会把它送给女儿。

　　因为我曾有此经历，所以在女儿18岁的时候，我为她买了一个她向往已久的名牌包当作生日礼物。在那之前，女儿也只背一些只用一年就会变得破旧不堪的廉价包。我想是时候告诉她，我们要开始学会珍惜那些质量上乘、一生永不贬值的东西了。

　　不知不觉间这个名牌包已经陪伴了女儿三年，她已经深刻感受到，"一流品牌包太棒了"。确实如此。我自己的有些名牌包我都没有精心保养，但依旧如新。这应该就是这些品牌包最引以为傲的特点吧。

　　在我50岁迎来中年危机的时候，我又下定决心买了一件与自己身份并不相符的奢侈品。我买了爱马仕的铂金包。尽管我一直沉迷于买包，但是那段时期我在名牌包上的投资可以说是"空前绝后"。

虽然名牌包充其量只是一件物品，但对于正处于更年期，因立于衰老的十字路口而无比沮丧的我来说，却是陪伴自己走过低谷的重要伙伴。它们就像我人生路上的同行者一般。

但是，在购买这些奢侈品时应该遵循一个原则：绝对不要举债购买。而且，也万万不可把所有财产投入到奢侈品中。我们一定要留有余钱，保证即便自己失业数月也仍可游刃有余地维持生计。

所谓的任性奢侈一次并非完全指购物，还可以是其他"经历"。海外旅行就是一个最好的例子。处于人生关键阶段的海外旅行可能会改变我们的人生观，或是改变我们的未来目标，或是让我们体验到日常生活中完全不可能出现的奇遇。

遇到重要的人或物可算作经历的可贵之处，此外这些经历还可以慢慢增加我们人生的厚度，升华我们的人格。第一次为奢侈品买单时，我们可能会觉得有些奢侈，与自己的身份不符，但是渐渐就会变得习以为常。尽管一开始觉得有些不相配，但是经历之后，就会逐渐将其视为理所当然。

　　而且，一旦入手，我们就再也不会在金钱的道路上迷失方向。

　　不仅如此，它还会成为我们实现人生飞跃的跳板。买到自己心仪已久的东西，小心珍藏并传给下一代。这也是成熟人士特有的高回报率的终极自我投资。

打破年龄的魔咒

前些日子回日本时，我久违地去了一趟商场处理事情，然后兴致勃勃地去了女士服装卖场。

一下电梯，映入眼帘的全部是为老年女性准备的服装。如果还是在日本居住的那段日子，我会直接走开，一眼都不会多看。直到现在，我也会无意识中接收到大脑发出的指令，认为它们与自己毫无关系，甚至想要快速走开。但我突然就意识到，不对，这些衣服不正是为我这个年龄段的女性而准备的吗？

想到这些的时候，我还真有点震惊。

顺便一提，无论是在纽约，还是洛杉矶比弗利山庄，或是巴黎、罗马、伦敦、米兰，没有任何一家商场会按照年龄来进行服装的分区。

商场里一般按照品牌分类，或者按休闲装、正装进行区分，抑或根据价格分区。

而在日本，无论是简历还是正式的自我介绍，都需要明确体现年龄。一个人的名字若在报纸或者电视上出现，也一定会顺带介绍年龄。因此日本人总会时刻谨记自己的年龄。

　　但是，纽约人只要过了 21 岁，步入成年人阶段，就很少有机会提到自己的年龄了。

　　即便找工作，也完全没有必要写上自己的年龄。面试的时候也绝对不会被问到年龄，因为面试官怕被指责区别对待。所以大家都只能通过工作经历来推测年龄。

　　因此，纽约人除了过生日时需要回忆一下自己的年龄外，日常生活中一般是会忘得一干二净的，但这并不妨碍生活。

　　正因为如此，我还真就忘了自己的年龄。

　　但是，这在日本就行不通了。哪怕我们想忘记，也总会被人提醒。

　　对于女儿的朋友来说，我只是"留美"（我的名字），既不是"阿姨"，也不是"某某夫人"，也只有门侍会称呼我为"Mrs. Common"。

年龄也从来不会成为阻碍我们选择衣服的魔咒，也从不会有人指责我们说："看看自己都什么年纪了，还穿这么鲜艳的颜色，你应该选择与年龄相符的衣服。"

大家仅凭自己的印象来判断年龄，而非询问真实年龄。职场上也如此。即便我们还非常年轻，但是只要有足够的工作能力，值得大家信赖，就会得到周围人的认可。在纽约，上司比自己年轻是司空见惯之事。

但在日本，大家都被施以年龄的魔咒，自然也就变得畏首畏尾。

要打破年龄的魔咒，首先要正视并尊重真实的自己。

一个看起来只有 60 岁的 80 岁女性，完全没有必要一直提醒自己已经 80 岁了。不被年龄所限，自由地选择衣服才是人生乐事。

此外，不以年龄为借口，才可能不断地向新事物发起挑战。如果想摆脱年龄的束缚自由生活，就一定要与这种年龄划分法彻底告别，忘记自己的年龄。

"这个裙子太短了。"

"这个图案太鲜艳了。"

"这个年龄不能露膝盖了。"

为了更好地排除这些干扰之音，我们需要一个伙伴，她会称赞我们这些衣服很合适，也需要一个值得信赖的女性朋友，告诉我们这些衣服没有什么不妥。当然归根结底，自发性的勇敢尝试才是最关键的。

这有何不可呢？

从今天起，彻底摆脱年龄的魔咒，大胆选择我们想穿的或是我们认为适合自己的衣服吧！

35 岁之前，选择比实际年龄大 5 岁的衣服

努力摆脱年龄的魔咒还包括了另外一层含义，即初入社会的年轻人也要学会摆脱想让自己看起来更年轻的魔咒。尤其在职场中，年轻人只要脱离了这一魔咒的束缚，就一定会有好事发生。

今年夏天，还是大学生的女儿在纽约进行了为期10 周的实习。她对第一天的着装要求是"商务、正式"，也就是所谓的求职面试朴素风格。根据丈夫的建议，我们将着装宗旨定为比实际年龄看起来大 5 岁。这是为了让人一眼就认定为"可用之才"，从而快速获得对方的信赖。

在纽约，职业装就是职业装，似乎与"时尚"是两种迥然不同的东西，并且应与私服划清界限。

尤其是对于大多数时间都在男性同事多的保守型职场中工作的女性来说，选择职业装的诀窍如下。

① 时刻牢记，公司不是秀场。

② 首先从抑制自我意识开始，职场第一天务必穿着朴素。

③ 面对年龄较大的上司或客户，套装优于连衣裙。但裤装套装未免显得过于严肃，所以套装的下装可选择及膝铅笔裙。

④ 衣服上不仅不能有污垢，也不能有褶皱。

⑤ 可以露膝，但应避免低胸款式。可以选择无袖上衣，这一点无须太多顾虑。如穿着无袖上衣，可在办公室中常备西装外套或者开衫，以备客户到访或是参加紧急会议时用。

⑥ 避免穿鞋跟高于 7 厘米的细跟鞋。尽量不要穿粗跟鞋和楔形高跟鞋。

在我们的职务被正式确认前，尽量不要给人留下新人的印象，努力打造出稳重感才是获得信赖的关键。当今社会，年轻人也完全有可能一跃成为职场老人的上司。我们可以凭借穿搭让自己的外表看上去比实际年龄年长

5 岁，如此一来，他人也会理所当然地认为我们比真实年龄更加成熟。达到这种效果后，再慢慢充实自己的内在即可。

此外，从事人力资源工作的朋友告诉我们，若能够进入薪水较高的高端企业工作，那么即便是新人也要尽量避免穿着廉价服装。

实习期间亦是如此。找工作的时候我们最需要做的事情就是，认真观察目标公司员工的穿着，确认与自己年龄相仿之人的穿衣打扮。找出七八成员工的着装共同点，并在此基础上进行调整，让我们的服装更加适合面试，看起来更加朴素。同时要牢记，尽量让自己看起来比实际年龄成熟一点。

成功路上必不可少的"现代感"

在纽约的高端企业中，如果一个人在职场中经常穿着数年前流行的过时服装，那么一定会被刻上与时代脱节的烙印，严重者可能失去工作。

一个人可能只因为穿着老旧，就被认定为工作能力差、不够聪明、落后于时代。

这一规则同样适用于看起来与时尚相去甚远的保守型职场。

虽然只是看起来并不起眼的衣服，但就连这不起眼的衣服，都不容小觑。

不仅如此，在恋爱中，也会因为服装不够时尚，而被看作是一个脱离"当下"、毫无魅力之人。

无论是女性的西装外套，还是男性的套装或领带，皆是同理，即便只是看上去类似数年前的款式也常常难以幸免。

但流行是在发展变化的，不同的时代潮流中存在着微妙差异。

可恼的是，我们一旦常年不更新衣橱就会立刻暴露。然后就会被当作与时代脱节的人。

所以，不管是男性的套装，还是女性的西装外套，穿了两三年后一定要购买最新款式。特别是从事营业工作的人，更要把服装看作对自己的投资。

不仅是服装，就连妆容也是如此，我们也要每年请教一次专业人士，学习最新的画眉法、皮肤质感修饰方法（比如，现在水光肌比棉花肌更受欢迎）等。

眼影及腮红的画法不仅会因时尚潮流而变化，随着我们年龄的增长，骨骼及肤质也会发生改变，所以妆容也必须适应年龄。特别是当我们的生活方式发生了变化，服装也随之改变时，一定要及时更新妆容，这样才能与我们的穿搭相协调。

时刻不要忘记更新，如此，哪怕我们年龄增长，也可以一直做"紧跟时代潮流的时尚达人"！

"年轻打扮"和"朝气蓬勃" 之间的鸿沟

30 岁的人无论如何努力打扮也很难让自己看起来像 20 岁的少女。

即便有些出众者能够在 50 岁的年纪仍然看起来像 40 多岁，但是如果想让自己看起来像 30 岁，就如我在前面美容整形部分中说过的那样，这是对现在自己的一种否定。

"年轻打扮"实际上依靠的是当下的装扮，那种想让自己看起来更加年轻的"企图"与"努力"让人一看便知。因此，如果有人说我们"打扮得真年轻啊"，其实这就证明了这种似是而非的"朝气"已经破绽百出。

而所谓的"朝气蓬勃"则是指从全身散发出来的光彩。而这种光彩是从自己的日积月累的自然"个性"中流露出来的。

数年前我曾在汉普顿剧场看了一场由三个女演员全

程保持站姿说台词的戏剧。

除波姬·小丝之外的其他二人，已经是可以称为"婆婆"的老年女演员了。

其中的一个人——苏珊·卢琪常年活跃于美国的日间节目，是我丈夫年轻时候的女神，当时已经 69 岁了。

但是，剧场中看起来最年轻的反而是卢琪。无论怎么看，都觉得她不过 40 多岁而已。千真万确，她的朝气使她的美丽已经完全超过了即将迎来 50 岁却仍然美貌动人的波姬·小丝。

她年轻的秘诀在于站姿与体型。

即便穿着高跟鞋站立了一个多小时，我们也可以从她的站姿中感受到某种"岿然不动的核心力量"。

其他女演员们尽管已经极力克制，但在说台词的时候仍然有些身体前倾，或是不时改换双脚位置，肩膀也随之产生晃动或者弯曲。

但是苏珊·卢琪却不同。体型娇小的她背部线条始终保持伸展，宛如身体内有一根笔直的钢筋。在舞台上站立如此之久，手足活动自如，但身体却丝毫未动。由此我从她身上感受到了芭蕾舞者般的气质。

而且，在她娇小的身体上，没有一丝赘肉。虽然已经年近 70，却能保持如此身材！

虽久站，却能一丝不乱，朝气也就自然出现。

这让我大吃一惊，并也成了我努力的目标。

相反，我也经常会见到脸上没有一丝皱纹，但总给人一种装扮用力过度、感觉很不自然的人。当看到她们的手背和脖子时，会让人不禁倒吸一口凉气，瞬间感觉全身不适，仿佛看了什么不该看的东西。单从凸起的血管和深深的皱纹就能一眼看出，她们已经上了年纪。

仅凭年轻的打扮是无法让我们真正变年轻的，这一点从站姿和动作中也能看出端倪。

真正的年轻是自内而外涌现出来的能量。

源于健全的自我肯定，让我们从心底真正热爱自己。

每个年龄段的女性都有独特的美。

我们要承认这一事实，并踏实地按照第 1 章内容所讲的那样，进行"由内而外的改变"。

此外，即便年纪越来越大，只要我们发自内心地爱惜自己，这一信念就能让我们永葆青春，淡然接受岁月留下的痕迹。

苏珊·卢琪是一位坚持出演日间节目 20 年的女演员。不管身体是否健康，她始终坚持每天前往工作室，重复着同样的事情，是一个能够持之以恒的人。

她一直以来都在努力经营着一份苛刻的生意，而生意的资本则是健康的体魄及其赖以生存的健全内心。

她能长久维持青春、体态卓越超群的秘诀也在于拥有私人教练，坚持最适合自己的私人定制运动。这确实是对自己的一种价值不菲的投资。只要我们放弃几顿大餐，也未尝不能做到。

两年前，受卢琪鼓舞，我终于迈开双脚开始锻炼。如今，我竟然再也不用来往于按摩店了，这简直不可思议。我还感觉到自己似乎越来越有力量，越来越精神了。扁平的臀部也如我所愿变得更翘了。

想必大家都听过，不管什么年龄，我们依旧能够改变自己的身体。让我们一鼓作气，为了 20 年后的自己，勇敢地为自己投资一次，权当鞭策吧！

第 **6** 章

『时尚』是亲密关系中的特效药

摆脱鸡毛蒜皮的三大魔法

你目前是否有这样的表现：

★最近没有穿过短裙

★最近没有穿过高跟鞋

★每天素颜面对合作伙伴

★一个多月没有说过"我爱你"

★很长时间没有策划、实施过让他惊喜的约会

如果以上表现你近期统统都有，那么很有可能虽然他的爱意依旧，也肯定会觉得日子过于平淡，仿佛两人的日常只剩下鸡毛蒜皮了。

"当初我认识的那个漂亮的女朋友，竟然已经变成这样了"，如果让他出现了这样的想法，那么二人之间很可能已经埋藏下了关系不和的定时炸弹。"曾经那位总是光鲜亮丽的女朋友哪儿去了呢？"

日常感或许是幸福的一种标志，但是偶尔将鸡毛蒜皮抛诸脑后，或许可以瞬间为两人带来新鲜感。毕竟男人内心的细腻其实远甚于外表。

因此，尽快摆脱平淡感，掌握下面的三大魔法，让他刮目相看吧！

魔法的效果立竿见影。权当自己被我骗了，趁为时未晚赶快试试吧！

① 让专业人士为我们洗头和吹头发

富有光泽的发质以及一丝不苟的发型可以立刻让女性蜕变。而且没有比享受他人洗头更能放松身心的事了。

② 尝试涂一次特别色号的口红

我们可以试着涂一次比平时更亮一些的口红，如果感觉跟日常的自己判若两人，甚至有些羞于示人，那么也至少选择一个粉色的唇膏吧。如果认为化妆太麻烦，那就化一个简单的底妆，再涂一层口红，简单一步即可轻松变身。

③即便在家里，也要认真穿上他喜欢的连衣裙

纽约的女性们无论年龄大小，都擅长这样的表演。是的，她们即便不去餐厅用餐，居家时间也能轻松地将生活的平淡一扫而光。即便在家里，也要将自己打扮得美丽动人，迎接丈夫的归来。

一般男性喜欢的连衣裙具有以下三个特征。

a 简洁、有质感、性感又优雅

沉浮于职场中的男性不太希望妻子外出时穿着性感。但是，在家中享受二人世界时，可能就更喜欢性感服装了。

b 腰部、臀部、胸部、小腿及脚踝，呈现出一条完美的曲线

男人总是善于欣赏女人身上特有的女性曲线。但虽说如此，臃肿、廉价感却是万万要不得的。

c 最好是后开叉式的紧身裙

毕竟还是这个款式最为经典，且万无一失。

掌握三大魔法后，就请满面笑容、元气满满地迎接他回家吧。

如果那天是个特别的日子，那么一定要好好整理一下客厅（特别是与孩子相关的物品一定要全部收进儿童房），摆上一束鲜花，再播放一首能够放松心情的音乐。在卧室和浴室分别点上一支香氛蜡烛。

最关键的是，如果孩子们在家，那么一定要暂时让他们从家里消失！

之后便是你们的二人世界了，"约会"终于开始了。

可以将对他的称呼（如果你们结婚已经很长时间了）改回婚前的称呼，把说话声音再放轻一点，像说悄悄话一般。如此一来，他一定会把头靠过来，以求听清你的声音。之后，就可以进行婚前约会时经常做的事情了。

买他喜欢的衣服，换句话说，其实是为增进夫妻感情所做的投资。

我们每个月都需要进行一次这样的"演出"，亲密关系一定会更进一步。

用他喜欢的衣服来场"角色扮演"

在我看来，纽约人的时尚程度稍亚于日本人。特别是从街道上的女性所穿服装来看，日本人的平均得分有着压倒性的优势。

但是纽约人最值得称道的一点是，他们擅长利用他人目光，策略性地决定自己的穿着。

在纽约偶尔可以看到一些女生与男生手挽手，幸福地走在街头，而这些女生的穿搭以女性眼光来看根本无法接受。比如，当下流行的渔网袜搭配红底高跟鞋，感觉真是白白浪费了一副好身材。就她们的年龄而言，怎么看都觉得这裙子太短了，她们更适合能凸显身材曲线的连衣裙。

但后来我渐渐明白了，这是为了迎合男方的爱好，可算作"角色扮演"（Cosplay）。

她们在意的不是自己的喜好，而是关注于男友的目光。她们会优先选择男友喜欢的穿着，当穿上这些服装时，她们只把注意力集中于自己的男友，并不把女性友人的看法放在心上。

大多数男性并不会在意我们穿着是否舒服，比起裤子，他们更喜欢紧身铅笔裙；比起粗跟鞋，他们更喜欢鞋跟又细又高的鞋子。而那些从不介意其他同性眼光的女性也总是乐于回应他们的需求。

她们总是会提前调查好自己的男神中意什么、喜欢什么，然后若无其事地在他们面前表演，仿佛那就是"本来的自己"。

当然她们不必每天如此，这仅限于与男友见面的场合。因此在其他女性看来她们是那么狡猾、那么表里不一，所以她们经常惨遭周围人的讨厌。

但是，从今天起我们也可以每周一次，或者每月一次也好，试着在他面前表演出一个他喜欢的"我"。这与"角色扮演"（Cosplay）又有所不同，我们可以把自己当作舞台上的女演员尽情地表演，也未尝不是一件乐事。

顺便说明一下，如果你的他喜欢的是"角色扮演"（Cosplay）风格的服装，那么我们不必花费高价购买，这与万圣节的服装是同一道理——很可能我们只穿一次而已。但是这对夫妻二人的关系却至关重要，可以说是很重要的投资。我们一定要试着把自己看作女演员。

　　写到这里，我想到了很久之前我和丈夫之间的一件小事。

　　很久以前，丈夫曾经让我穿 10 厘米以上的细跟高跟鞋。但是我穿上这种鞋根本无法正常走路，甚至步履蹒跚。因此我断然拒绝了他，告诉他我没办法正常行走，所以我不穿。

　　然后丈夫回答道："其实只要在家里穿给我看就可以了啊"。

　　我那时候根本没有心情应付他这种玩笑。想想，这已经是非常遥远的笑谈了。

男性是一种对意料之外的变化
毫无抵抗力的生物

有的女人工作时总是扎着马尾辫、戴眼镜、很少化妆，看起来不修边幅，然而下班一回家，就将束起的头发放下，柔软地垂在颈部，涂上鲜艳的口红，换上细高跟鞋。虽然给人"形象不一"的感觉，但是男人却对这种"变化"毫无抵抗力。

假使看到这样的变化，就连那些平常很少赞美女性之美的木讷男人也一定会说："对，对，就是这样！"

反之，如果一位平常总是一丝不苟地穿着套装，干练而又不屑于取悦男性的女性在周末穿上带着阳光味道的白色背心，搭配男友风牛仔裤和白色运动鞋，素颜出现在大家面前，也完全可以算作颠覆形象，让人大吃一惊。

一直以来总是以裤装形象示人的女性不妨试试短裙；总是披散着头发的女性不妨试着束起头发；尝试穿

上特别的高跟鞋；试着改变口红的颜色。虽然这些方法都已经是老生常谈了，但是确实非常有效。

脖颈、脚踝、小腿、腰部，都是女性身上最有吸引力的部位。我们至少会有一至两个值得自己骄傲的部位，那就关注这些关键部位，认真思考如何出其不意地展露出来。

确实，男性的关注点并不止于胸部、臀部。

如果我们的形象已经千篇一律、一成不变，那就试着"颠覆形象"吧。

即便是细枝末节的改变也无妨，一定要尝试一下！

婚后生活中，家居服至关重要

男性喜爱年轻女性是本能，但是随着年龄的增长，他们往往对陪伴自己走过人生道路的女性越来越依恋。

此外，如果陪伴自己走过漫长岁月的这位女性可以像初识时一般努力取悦自己，就更是锦上添花了。

女性总是期待男性有所改变，但是男性却希望女性对自己一成不变。

可能我们每天忙于生计，即便休息日也总是素面朝天。或者我们经常感到精疲力竭，以至于连换衣服的力气都没有，连续穿了三天的牛仔裤可能已经皱皱巴巴了。更或者可能一到家便换上宽松舒适的牛仔裤，另一半已经很久没有看到过我们在外工作的形象了。

但可能突然有一天我们意识到，我在家中的形象竟然正慢慢迈向不修边幅的大妈了，明明单身时经常感叹"我可不想变成那副样子"的。

在外的形象总是光鲜亮丽，一入家门却大打折扣。如果我们有长期交往的稳定伴侣，或者已婚，那么他们最常看到的就是在家时的我们。

所以，我们一定要将居家服做一个分门别类。

我可以非常肯定地说，欧洲人和美国人都比日本人更加注重这一点。

之所以重视家居服，是因为我们重视自己的伴侣。家居服并不是要穿给其他人看，我们所面对的正是自己唯一的伴侣。要让他感受到，你虽然完全可以穿更舒适的衣服，却为了他精心打扮。这种独特感意义重大。

比如我们可以上身穿着漂亮的丝毛混织蕾丝背心，搭配质量上乘的针织披肩。针织衣物更应该追求品质，尽量选择美利奴羊毛或者开司米羊毛材质。

经常穿的 T 恤和牛仔裤需要每年换新。

如果一周内连续几天都穿牛仔裤，那么至少要穿一次短裙来维持我们多变的形象。此外，偶尔可以直接穿外出时的连衣裙，挑选不易产生褶皱的材质即可。

此外，在丈夫回家之前一定要适当改变自己的妆容。这小小的一个步骤就可以让我们大不相同，可以证明我们丝毫没有疏忽大意。

我有一位西班牙朋友，她进厨房时定会穿上围裙。这是她的母亲传承下来的好习惯，纯粹是为了避免衣服沾上污垢而已。但是令她感到吃惊的事情发生了，有一天她在男朋友家穿上围裙时，男友大为兴奋。

她是一位职业女性，竟然穿上了围裙。这一形象上的反差效果非凡。

如果围裙也可以算作家居服，那就是我们一定要尝试的单品。特别是在外面一直坚持女权主义的你，一定要反其道而行之，就权当被我骗了，尝试一下吧。

或许我们也可以像曾经的碧姬·芭铎一样，尝试裸体度过家中时光，这可以算作是极品家居服了。

让人"魂牵梦绕"的女性都是玩转香味的高手

与人擦肩而过时，我们可能因为她身上的香味而几乎"啊"地叫出声来。你有没有过这样的经历呢？光是闻到她身上的香味，就仿佛所有的记忆被瞬间唤醒，不由得两腿发软。香味会留存在我们的记忆里，而让人念念不忘的女性和香气一样会让人"魂牵梦绕"。大家常说，男人会经常想起自己的前任女友。其实恐怕连同她的香味都可以一起久久留存于他的心底。

研究表明，香味直接受掌管人体记忆的大脑边缘系统控制，可以在感情、行动等方面产生多种影响。另外，香味可以超越理性，凌驾于感觉之上并占据压倒性地位。比如有时候我们可能沉溺于感情的旋涡无法自拔，但是在闻到温柔的香气时，心情也会在不知不觉中被治愈，变得轻松起来。

因此，我们绝不能轻视香味的作用。有时候仅凭香气这一点，我们就可以拥有吸引心仪之人的神奇力量。

男性对香味异常敏感。当身旁有女性经过时，一阵香气四散开来，然后很快就消失了。如果这香气恰到好处，且又恰巧是他喜欢的味道，出于雄性的本能，他会被马上吸引。

人类世界中的雄性和雌性身上仍然保留着区分喜好的动物型嗅觉，我见到过很多对情侣，都是因为进展到亲密关系后，发现不喜欢她或者他身上的味道而最终分道扬镳。令人不悦的气味甚至可能令我们作呕。

已有研究表明，深得自己喜爱的香味可以对身心产生多重效果。芳香剂疗法是临终关怀治疗中的重要一环，深受患者欢迎，就是一个很好的例证。

日本与气候干燥的欧美国家不同，空气湿度大，宜选取较为细腻的香气。较为强烈的香气反而会给感官造成负担，产生反效果。

特别是夏季，人体排汗量大，香气与体味的混合，可能产生令人不快的气味。因此我推荐大家使用浴盐、身体乳等间接香氛，避免使用喷涂于局部的香水。日本自古以来就有为衣物熏香的传统，而"香气"所对抗的正是高湿度的气候以及由此产生的刺激性体味。

下面我将介绍与"香气"相关的五大法则。

① 与香水相比，能让我们全身散发香气的身体乳更为合适

我身边深受众人青睐的女性友人告诉我，洗完澡后涂上让我们全身散发香气的身体乳胜过一切香水。在此，我也将这一深受好评的诀窍传授给大家。

② 洗衣服时巧用柔顺剂

如果我们的日常生活能被清新的香气所包围，一定会感到很幸福，特别是床上用品。

自从我家开始把床上用品送去散发着丁香味的洗衣房洗涤之后，丈夫明显心情愉悦了许多，因为他觉得家里的味道胜于酒店。

③ 重要的日子适当多用洗发露

约会或者重要日子可以稍微多用一些洗发露，认真

洗净头发。如此，当我们回头或者靠近对方时，就能散发出柔和的香气。当然，洗发露的味道不能和香水的味道冲突。

④ 皮草和珍珠是香水的天敌

不仅是皮草和珍珠，银制品、合金项链都容易受香水侵蚀，一定要谨慎使用。

⑤ 允许偶尔对香气的小花心

如果一直用同一种香水或香氛，我们的鼻子适应这种味道之后，不知不觉中就会增大用量，所以建议时常更换此类用品。

据说玛丽莲·梦露会在希望被亲吻的部位喷上香水。就寝时也会喷上香奈儿 5 号，这一点世界闻名。这正是因为她深谙香水的功效。

请与"香气"做朋友，让它成为我们肌肤的一部分吧。

后记

自女儿上幼儿园开始,我便时刻在观察:从外表看来,我是否过于特立独行,与其他妈妈们格格不入。因此我一直穿得很朴素。

直到有一天,一位曾从事模特职业,后来嫁给医生的友人夸赞我说:"留美的衣服总是这么自然大方啊。"这对于我来说简直是不可思议的事情。如此没有自信的我竟然被称赞了!当我说出我曾在日本做过时尚杂志主编时,她眼睛一亮,然后开始拜托我给她提一些时尚穿搭的建议。

比如,下次的慈善午宴该穿什么呢?跟丈夫一起出席医生夫妇云集的晚会又穿什么呢?我便站在她的衣柜前开始帮她选衣服。

那时我给她推荐的是能衬托出她动人的肌肤，让她更加光彩照人的杰奎琳·肯尼迪风连衣裙，颜色相对比较低调，以灰色和黑色为主，剪裁十分精致。我还告诉她，如果聚会场合中年女性较多，那么妆容和饰品选择要趋于保守。这一招颇得友人欢心。的确，我好像能够洞察人心。

自此之后，很多美国妈妈都来向我咨询服装穿搭。从这些经验中我总结出来，无论我们的穿着如何时尚，都有可能适得其反，低调的穿搭反而容易让旁人对我们的内在产生兴趣。这本书的灵感便来源于此。

在写这本书的过程中，我的朋友若松友纪子、土桥育子自策划伊始便一直为我充当启明星，指引我前进的方向，在此谨对她们表示由衷的谢意。

另外，也非常感谢读者朋友们对本书的垂爱。今后我也会继续努力，为大家奉上更好的作品！

可蒙留美